高等院校医学实验系列教材

微生物学实验教程

第 3 版

主　　编　陈峥宏　王　涛

副 主 编　王梅竹　崔古贞

编　　者　（按姓氏笔画排序）

王　涛　王　菲　王梅竹　吴晓娟　吴道艳

迟茜文　张峥嵘　陈峥宏　赵　亮　贺　娟

崔古贞　綦廷娜　魏　洪

编者单位　贵州医科大学

科 学 出 版 社

北 京

内 容 简 介

本书共分为五篇，分别是微生物学基本实验技术、微生物学实验技术在药学中的应用、综合性训练、设计性训练、微生物学中常用仪器设备及实验技术简介。内容涉及微生物学的实验原理和基础技术，各种微生物的系统检验，各种临床标本的检测方法，技术方法翔实，图文并茂。同时针对教育部倡导大学生创新能力和临床技能培养的教育理念，本书着重强化了临床标本的综合性实验及实验设计部分，以锻炼大学生在综合性实验中的综合分析能力和实践操作能力。

本书可作为本科生、硕士研究生的医学与药学微生物学基础课程和专业课程的实验指导，亦可作为临床医学和药学的微生物学检验及其他微生物学实验工作的技术参考。

图书在版编目（CIP）数据

微生物学实验教程 / 陈峥宏，王涛主编 . —3 版 . —北京：科学出版社，2022.2

高等院校医学实验系列教材

ISBN 978-7-03-070762-8

Ⅰ . ①微 … Ⅱ . ①陈 … ②王 … Ⅲ . ①微生物学 – 实验 – 教材 Ⅳ . ① Q93-33

中国版本图书馆 CIP 数据核字（2021）第 249389 号

责任编辑：李 植 / 责任校对：宁辉彩
责任印制：霍 兵 / 封面设计：陈 敬

科 学 出 版 社 出版

北京东黄城根北街 16 号
邮政编码：100717
http://www.sciencep.com

石家庄继文印刷有限公司 印刷
科学出版社发行 各地新华书店经销

*

2010 年 12 月第 一 版 开本：787×1092 1/16
2022 年 2 月第 三 版 印张：13 1/4 插页 2
2024 年 2 月第十四次印刷
字数：270 000

定价：55.00 元
（如有印装质量问题，我社负责调换）

前　言

　　微生物学是生命科学中一门重要的实验性学科，采用的研究方法和操作技术广泛应用于医学和药学研究的各个领域，也是医学和药学微生物学专业研究人员必须掌握的基本实践技能。本书根据医学微生物学和药学微生物学教学与实验室工作的基本需求，遵循科学性与实用性的基本原则，在保留前版主要内容和优点的基础上，删去一些不常用的实验技术，并且对一些实验进行整合，以综合性实验和设计性实验的方式呈现，提升内容的高阶性、创新性及挑战度，以适应"卓越医生教育培养计划2.0"的人才培养目标。

　　本实验教程包括绪论、微生物学基本实验技术、微生物学实验技术在药学中的应用、综合性训练、设计性训练、微生物学中常用仪器设备及实验技术简介、主要参考文献及附录。微生物学基本实验技术包括细菌学基本实验技术、真菌学基本实验技术、病毒学基本实验技术及其他微生物检测方法。附录包括病原微生物实验室生物安全，常用器皿的清洗与处理，常用培养基的配制，常用染色液的配制，常用试剂、消毒剂和缓冲液的配制，菌种保藏技术。

　　本书可作为本科生、硕士研究生的医学与药学微生物学基础课程和专业课程的实验指导，亦可作为临床医学和药学的微生物学检验及其他微生物学实验工作者的技术参考。

　　限于我们学术水平和写作能力及学科的迅速发展和知识的不断更新，书中难免存在不足之处，敬请读者批评指正。

编　者

2021年2月

目　　录

第三篇 综合性训练

第四篇 设计性训练

第五篇 微生物学中常用仪器设备及实验技术简介

绪 论

微生物学实验的目的是了解和阐明微生物的生物学特性和感染及宿主抗感染免疫机制，对感染性疾病进行早期、快速和特异性诊断及有效治疗和预防，以控制和消灭各种微生物引起的感染及感染相关疾病。

对于感染性疾病及其各种影响因素的诊断和鉴别诊断，不仅需要临床医生对患者的症状、体征、病史等情况进行充分调查与了解，还需要依赖微生物学实验技术对患者标本进行实验室检查。

一、微生物学实验室诊断的原理

感染性疾病的微生物学实验室诊断又称病原学诊断（etiological diagnosis），是通过病原体分离鉴定、病原体的抗原及其免疫效应物质检测、病原体特异性分子物质检测，对感染性疾病的发生、发展及预后进行分析、诊断和预测的策略与方法。用微生物学实验技术，对感染性疾病进行实验室诊断的原理包括：

1. 患者体内有病原体及毒性代谢产物 某种病原性微生物侵入人体生长繁殖和引起感染性疾病，这种病原体及其毒性代谢产物可在患者体内大量存在。因此，采用微生物学实验技术，常常能够在患者的病灶组织内发现或检出相应病原体及其毒性代谢产物，从而对感染性疾病进行病原学诊断与鉴别诊断。

2. 患者体内有病原体抗原及其相应免疫应答产物 各种病原体都具有其特异性的抗原物质，也可具有某些共同抗原、交叉抗原或异嗜性抗原。病原体的这些抗原可刺激宿主机体发生免疫应答，引起宿主产生相应抗体和（或）致敏淋巴细胞。因此，可通过检测病原体特异性抗原或其相关抗原、检测病原体特异性抗原或其相关抗原的免疫应答产物及其效价或活性，对感染性疾病进行免疫学诊断与鉴别诊断。

3. 患者体内有病原体特异性分子 各种微生物可含有其独特的或特异性的分子，这些分子不但可随微生物感染而存在于宿主体内，也可引起宿主产生某些特异性的或相关的分子。微生物特异性的及其相关的分子可通过分子生物学方法检测，对感染性疾病进行分子生物学诊断。

二、微生物学实验室诊断的内容与程序

根据感染性疾病发生与发展的基本原理，微生物感染的实验室诊断内容主要包括以下4个方面：①标本采集与送检；②分离鉴定病原体（病原体检查）；③检测病原体抗原及其免疫效应物质（免疫学检查或血清学检查）；④检测病原体分子（分子生物学检查）。

1. 标本采集与送检 感染人体的病原体在病程的不同时期可存在于宿主不同的组织

或器官内，并且可通过一定的途径在宿主体内扩散或排出宿主体外。这些病原体的抗原可使宿主产生免疫应答，使其产生特异性抗体和（或）致敏淋巴细胞。因此，在患者病程的不同时期，根据病原体在患者体内的分布规律和排出途径而采集的不同标本，可有助于相应病原体的检出。根据免疫应答的规律采集血清、血液等标本，可有助于特异性免疫效应物质的检测。标本采集的基本原则包括：

（1）做好标记：采集标本之前，须首先在标本容器（或大体标本）上做好各种相关的标记，并且在病原学检查申请书上尽可能详细地填写相关内容。所做标记必须字迹清晰、附着牢固、内容简要、含义明确、具有独特性。标本的规范标记不但能够避免标本传送过程可能造成的混淆或错误，也有助于检验医生根据患者及其疾病的相关信息确定实验室检查的方法与重点内容，并对检验结果进行正确分析与判断。一般来说，标记和申请书的基本内容主要包括患者姓名、性别、年龄，疾病诊断及其相关的简要病史，门诊或住院科室、编号，标本采集日期，检查内容、抗菌药物使用及其他相关或特殊要求。

（2）无菌操作：外界环境及人体的微生物可在采集标本的过程中污染标本或其容器，因此需要严格的无菌操作以减少、防止或避免这些微生物污染标本。虽然消毒与灭菌可有助于减少或防止微生物污染或提高无菌操作的效果，但其绝不等于、也不能替代无菌操作。对环境、器材或患者局部组织的消毒或灭菌，甚至还可对病原体的分离培养产生不利影响。

（3）及时送检：某些病原体在宿主体外容易死亡，污染标本的微生物也可大量生长繁殖而干扰病原体的检查。因此，采集的标本不宜长时间放置，需要及时送到实验室并及时进行病原体的检查或分离培养。

（4）妥善保藏：不能及时送检的标本需要妥善保藏，但保藏的条件需要根据待检微生物的性质进行选择与确定。例如，用于分离培养无芽孢厌氧菌的标本，需要在厌氧条件下保藏；用于分离培养病毒的标本，需要在 20℃以下的低温条件保藏；用于分离培养肠道杆菌的粪便标本，可置于30%甘油缓冲盐水内在4℃条件下保藏；用于分离培养淋病奈瑟菌的标本，需要立即接种于营养培养基并在37℃条件下保藏。

（5）根据病原体的分布和排出途径采集标本：在病程的不同时期，病原体可大量存在于宿主的不同组织或器官内并通过不同途径排出。存在于宿主组织或器官内的病原体大量生长繁殖，也常常可引起该组织或器官发生明显的病理损害。因此，根据病原体在宿主体内的分布与排出规律，采集明显病变部位的标本，可有助于提高检出率。

（6）使用抗菌药物之前采集标本：使用抗菌药物后，患者各组织内含有较高浓度的抗菌药物，从而可抑制病原体在培养基内生长繁殖而影响分离培养效果。因此，感染性疾病的标本采集需要在患者使用抗菌药物之前。如果患者已经使用了抗菌药物，则可采用添加相应拮抗剂或中和剂及过滤等方法，降低或消除培养物内的抗菌药物活性。

（7）根据免疫应答规律采集标本：检测抗体或致敏淋巴细胞，需要根据免疫应答的规律分别采集感染初期（急性期）和后期（恢复期）的标本。例如，检测抗体，只有当恢复期特异性抗体效价增高，并且达到急性期抗体效价4倍或以上时，才具有诊断意义。但如果检测血清特异性IgM抗体，感染初期（急性期）的抗体效价增高即有助于诊断。

2. 病原体检查　病原体检查是通过微生物学实验室技术方法，检查和鉴定引起感染的病原体种类，为临床进一步诊断、鉴别诊断、治疗和预防提供参考依据。分离鉴定病原体的基本内容和操作程序主要包括涂片镜检、病原体分离、病原体鉴定、病原体药物敏感实验。

（1）涂片镜检：标本可置于载玻片上直接镜检，也可染色后镜检。涂片镜检的意义有：

1）早期初步诊断：通过对病原体形态、结构及染色的观察，可在形态学上初步识别病原体的类别，从而有助于疾病的早期初步诊断。

2）早期治疗：通过对病原体形态学类别的初步识别，有助于临床根据病原体的类别早期选择和使用抗菌药物对患者进行治疗。

3）分离培养结果的分析：涂片镜检发现病原体，但分离培养没有发现病原体或没有检出相应病原体，可考虑厌氧菌感染、培养物含抑制病原体生长的因素或受到其他病原体污染。

4）治疗效果评估：病原体形态和数量的变化，有助于判断抗菌药物治疗的效果。例如，在结核病患者标本涂片抗酸染色镜检中发现不典型形态的抗酸杆菌及其数量明显减少，可提示抗结核药物治疗有效。在隐球菌感染患者标本涂片负染色镜检中发现不典型形态的隐球菌及其数量明显减少，但血清或脑脊液的特异性抗体效价升高，可提示疾病进入恢复期。

（2）病原体分离培养：包括人工培养基分离培养法和动物分离培养法，常用人工培养基分离培养法。人工培养基分离培养法是将标本接种于适当的培养基，并且在适当的温度、气体等条件下进行适当时间的培养。动物分离培养法是将标本接种于易感动物体内，从发病或濒死动物的体内分离病原体。

（3）病原体鉴定：鉴定病原体的属、种、型或株。常用方法包括：

1）生物学方法：常用生化反应的方法，检测病原体的酶及代谢活性。

2）血清学方法：常用特异性抗血清，通过凝集实验、沉淀实验、补体结合实验、标记抗体实验等方法，检测病原体的相应抗原。

3）分子生物学方法：常用聚合酶链反应（polymerase chain reaction，PCR）、分子印迹、分子杂交等技术方法，检测病原体特异性的核苷酸序列或蛋白质分子。

4）动物实验方法：将病原体感染实验动物，检测病原体的致病性或毒力。

（4）药物敏感性实验：通过测试病原体的药物敏感性检测病原体耐药性相关酶类或耐药性相关基因，分析和判断病原体的药物敏感性。临床常用琼脂纸片扩散法（K-B法）检测病原体的药物敏感性，用稀释法检测病原体的药物敏感性程度（最低抑制浓度与最低杀菌浓度）；用生物化学的技术方法检测病原体的耐药性相关酶类及其活性；用分子生物学的技术方法检测病原体的耐药性相关基因或耐药性相关蛋白质分子。

3. 免疫学检查　免疫学诊断的基本原则是检测病原体特异性的或相关的抗原、抗体和（或）致敏淋巴细胞，为临床进一步诊断和鉴别诊断及治疗和预防提供参考依据。免疫学诊断的基本内容和常用方法包括：

（1）抗原检查：用已知特异性抗血清，通过体外或体内实验检测病原体的特异性抗原。体外检测病原体抗原的方法包括环状沉淀实验（ring precipitation test）、玻片凝集实验（slide agglutination test）、试管凝集实验（tube agglutination test）、荚膜肿胀实验（capsule swelling test）、补体结合实验（complement fixation test）、酶联免疫吸附实验（enzyme linked immunosorbent assay，ELISA）、病毒血凝抑制实验（virus hemagglutination inhibition test）、生长抑制实验（growth inhibition test）、代谢抑制实验（metabolic inhibition test）、免疫荧光实验（immunofluorescence test）、间接血凝实验（indirect hemagglutination test）等。

（2）抗体检查：用已知的病原体抗原，通过体外或体内实验检测相应的特异性抗体。体内检测抗体的常用方法包括锡克实验、速发型皮肤实验；体外检测抗体及其效价的常用方法包括沉淀实验、肥达实验（Widal test）、抗O实验（anti-O test）、补体结合实验（complement fixation test）、ELISA、微量免疫荧光实验（micro-immunofluorescence test）、间接血凝实验、显微镜凝集实验（microscopic agglutination test）、病毒血凝抑制实验、冷凝集实验（cold agglutination test）、链球菌MG凝集实验（streptococcus MG agglutination test）、间接凝集实验（indirect agglutination test）、间接荧光抗体实验（indirect fluorescent antibody test）、外斐实验（Weil-Felix test）等。

（3）致敏淋巴细胞检查：指用已知的病原体抗原检测致敏淋巴细胞，体内检测致敏淋巴细胞的方法包括结核菌素实验、麻风菌素实验、布氏菌素实验；体外检测致敏淋巴细胞活性和（或）数量的方法包括淋巴细胞转化实验（lymphocyte transformation test）、移动抑制实验（migration inhibition test）、细胞毒实验（cytotoxicity test）、T细胞亚群检测（detection of T-cell subgroups）等。

4. 分子生物学检查　以分子生物学技术进行分子诊断的基本原则是从患者或感染者体内检测病原体特异性分子物质，为临床进一步诊断和鉴别诊断及治疗和预防提供参考依据。基本内容和常用方法包括：

（1）核酸分子检测：体外检测标本内病原体DNA分子的特异性核苷酸片段或RNA分子。常用方法包括PCR、核苷酸序列测定（nucleotide sequencing）、基因芯片技术（gene chip technology）、核酸指纹图谱（DNA fingerprinting）、核酸原位杂交（nucleic acid in situ hybridization）、核酸酶切图谱（nuclease digestion patterns）、Southern印迹法（Southern blotting）、Northern印迹法（Northern blotting）等。

（2）蛋白质分子检测：体外检测标本内病原体的特异性蛋白质或多肽分子。常用方法包括SDS-聚丙烯酰胺凝胶电泳（SDS-PAGE）、Western印迹法（Western blotting）、蛋白质芯片（protein chip）、蛋白质序列测定（protein sequencing）等。

三、微生物学实验室规则

微生物学实验是对感染性疾病进行诊断的重要实验，也是微生物学教学的重要组成部分，通过微生物学实验，培养学生基础理论、基本知识、基本技能以及在此基础上的独立思考和观察、分析、解决问题的能力，使学生养成实事求是、严肃、认真的科学态度，以及勤俭节约、爱护公物、团结协作的良好品德和习惯。开展病原微生物实验，需要按照《人间传染的病原微生物目录》根据病原微生物的危害程度在相应级别的生物安全实验室进行。

为了保证微生物学实验课的顺利进行，达到相应的教学效果，实验人员必须严格遵守以下基本原则：

1. 进入实验室必须穿实验服，必要时必须穿戴实验室专用的口罩、帽子与隔离衣，无关物品不得带入实验室，带入实验室的必需书籍和文具等应放在指定的清洁区。

2. 在实验室内不进行与实验活动无关的行为，不高声谈话与随意走动，应保持实验室肃静。

3. 实验过程中需要注意：

（1）按规定拿取、使用和放置实验设备与材料，爱惜和节约使用实验设备与材料。

（2）不得私自拆卸实验设备与材料或将其带出实验室。若损坏实验器材或污染实验材料，须及时报告指导教师并按有关规定进行处理，禁止隐瞒或自行处理。

（3）用过的实验材料与器械须按要求放到指定位置，禁止随意放置、丢弃或冲入水槽。

4. 实验结束后做好实验室的清洁工作，关好水电开关及门窗，做好实验室使用登记，洗手或消毒后离开实验室。

（陈峥宏　王　涛）

第一篇　微生物学基本实验技术

第一章　细菌学基本实验技术

第一节　常用显微镜使用技术

微生物的体形微小，肉眼无法直接观察其形态和结构，因此需要借助显微镜放大适当倍数才能被肉眼所见。显微镜主要包括光学显微镜与电子显微镜。光学显微镜的种类较多，常用的光学显微镜主要有普通光学显微镜、暗视野显微镜、相衬显微镜、荧光显微镜、倒置显微镜。常用的电子显微镜（电镜）有透射电子显微镜（透射电镜）和扫描电子显微镜（扫描电镜）两类。

实验1　普通光学显微镜

在微生物学实验中，普通光学显微镜（normal microscope）是最常用的光学显微镜，借助普通光学显微镜的油镜能够观察到细菌的形态和结构。因此，应熟练掌握显微镜油镜的使用和保护。

【实验材料】

1. 样本　金黄色葡萄球菌（*Staphylococcus aureus*）、大肠埃希菌（*Escherichia coli*）革兰氏染色片。

2. 试剂与器材　普通光学显微镜、香柏油、二甲苯、擦镜纸等。

【实验方法】

1. 拿取显微镜　右手握住镜臂，左手托住镜座，将显微镜放在自己左前方的实验台上，镜座后端距实验桌边缘4～6cm为宜。

2. 对光　先旋转粗准焦螺旋，将载物台略升高至一定位置后，再转动物镜转换盘，使低倍镜和镜筒在同一直线上，即低倍镜正对载物台中央通光孔。将聚光器上升到最高位置，光圈完全打开。左眼对准目镜，调节光源，至目镜视野内光亮均匀为止。

3. 安放玻片　取金黄色葡萄球菌或大肠埃希菌革兰氏染色片。先看清标本在玻片上的位置、正反面和标签。然后将有标本的一面朝上平放于载物台上，并用推片器将玻片固定，然后旋转推片器螺旋，将所要观察的部位调到通光孔的正中，标本位置正对通光孔中央。

4. 油镜的识别　油镜外壁通常标记有"100×""HI""oil"等字样，其镜头孔径也较其他物镜小。

5. 油镜的使用　经低倍镜观察，找到标本玻片的观察部位；在观察部位上滴加香柏油1～2滴，转换使油镜对准标本，从侧面注视，转动粗准焦螺旋，使载物台缓缓上升，至油镜头前端浸入香柏油中与标本玻片接触为止（需要注意切勿使二者相碰，以免损伤镜头或压碎玻片）。然后从目镜观察，反向转动粗准焦螺旋，使载物台缓慢下降，直至视野中可见物象，再转动细准焦螺旋至物象清晰为止。

6. 油镜的维护　观察完毕后，转动粗准焦螺旋使载物台下降，使油镜头远离玻片。取下标本玻片，立即用二甲苯润湿的擦镜纸轻轻擦镜头，将镜头上的香柏油擦干净，再用干净擦镜纸将镜头上残留的二甲苯擦干，以免二甲苯损伤镜头。

7. 显微镜的收纳　最后将镜头转开呈"八"字形，聚光器稍下降、关闭光圈，推片器回位，关闭电源盖上外罩，右手握镜臂，左手托镜座，放回实验台柜内。

【实验结果】

具体实验结果见彩图1-1和彩图1-2。

【注意事项】

1. 持镜时必须是右手握镜臂、左手托镜座的姿势，不可单手提取，以免零件脱落或碰撞到其他物品。

2. 油镜头使用完毕要及时进行清洁，以免香柏油粘上灰尘，擦拭时灰尘粒子磨损透镜。同时，香柏油在空气中暴露久了还会变稠变干，使擦拭困难，对仪器不利。

3. 显微镜镜头需要用擦镜纸清洁，切不可用手帕、手指或其他纸张擦拭，以免损坏镜头玻璃面。清洁镜头时用擦镜纸顺一个方向擦，不要转圈擦。必要时可用洗耳球吹气或用细毛刷刷掉镜头上的灰尘。

4. 在使用油镜过程中，若因故暂时离开，最好将载物台下降，并把油镜转离光孔，以免油镜头受到外力，压坏油镜或聚光器。

5. 严禁强酸、强碱、乙醚、乙醇等化学药品接触显微镜光学部分。

（王　涛）

实验2　倒置显微镜

倒置显微镜（invert microscope）的组成和普通显微镜基本相同，区别在于二者的物镜与照明系统位置颠倒，且倒置显微镜具有相差物镜。倒置显微镜常用于观察培养的活细胞，常用的观察方法是相差法。由于这种方法不要求染色，是观察活细胞和微生物的理想方法，其可以提供带有自然背景色的、高对比度的、高清晰度的图像。

【实验材料】

1. 样本　人肝癌细胞（human hepatocarcinoma cell，HepG$_2$细胞）培养物。

2. 试剂与器材　倒置显微镜。

【实验方法】

1. 使用准备 打开镜体下端的电源开关，将待观察对象置于载物台上，旋转三孔转换器，选择较小的物镜；调节双目目镜，以获得舒适的目距。

2. 调节光源 调节镜体下端的光源亮度调节器将亮度调至适宜，通过调节聚光镜下面的光栅来调节光源的大小。

3. 标本观察 将盛装细胞培养物的细胞培养瓶至于载物台上，转动三孔转换器，选择合适倍数的物镜，通过目镜进行观察，记录结果；调整载物台，选择观察视野，同时消除或减小图像周围的光晕，提高图像的衬度。

4. 显微镜关机 取下观察对象，将光源亮度调节器调至最暗；关闭镜体下端的电源开关；旋转三孔转换器，使物镜头位于载物台下侧，防止灰尘沉降。

【实验结果】

具体实验结果见图1-1。

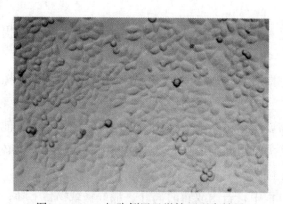

图1-1 HepG$_2$细胞倒置显微镜下观察结果

【注意事项】

1. 所有镜头表面必须保持清洁，落在镜头表面的灰尘，可用吸耳球吹去，也可用软毛刷轻轻掸去。不能用棉团、干布块或干镜头纸擦拭镜头表面，否则会刮伤镜头表面。

2. 当镜头表面有油污或指纹时，可用脱脂棉蘸少许无水乙醇和乙醚的混合液（3∶7）轻轻擦拭。

3. 不能用有机溶液擦拭其他部件表面，特别是塑料零件，但可用软布蘸少量中性洗涤剂擦拭。

（王 涛）

实验3 荧光显微镜

荧光显微镜（fluorescence microscope）是以紫外线等短光波（λ=250～400 nm）为激发光，激发被检标本中的荧光物质使之发出不同颜色的荧光，然后在显微镜下观察物体的形状及其所在位置，分辨率高于普通显微镜。荧光显微镜常用于研究细胞结构、细胞内物质的吸收、运输、化学物质的分布及定位等。

【实验材料】

1. 样本 白念珠菌（*Candida albicans*）细胞荧光染色标本。

2. 试剂与器材 荧光显微镜、无荧光镜油、擦镜纸等。

【实验方法】

1. 接通电源，打开汞灯开关，使超高压汞灯预热15min。

2. 关闭紫外光栅，将荧光染色标本置于载物台上。

3. 打开显微镜明视场电源开关，调节目镜间距，用在明视场下选用合适放大倍数的物镜观察标本位置。

4. 关闭明视场电源，打开荧光光路，选择合适的激发紫外光。

5. 打开紫外光栅，标本被激发光照射，从目镜观察荧光。

6. 由低倍镜开始观察，调焦，找到预观察视野，依次换到高倍镜头，观察荧光染色标本。观察过程中可调节紫外光栅，控制激发紫外光的强度。

7. 拍照时将光路选择旋钮调至相机位置。

8. 观察完毕后关闭汞灯，关闭电源开关；将镜头转到低倍镜，取出样品，若使用过油镜（用无荧光镜油）则用干净的擦镜纸擦拭镜头。

9. 确认数据已经保存，关闭软件，关闭电脑。

【实验结果】

具体实验结果见彩图1-3。

【注意事项】

1. 荧光镜检应在暗室进行。

2. 标本荧光染色后应立刻观察，因若存放时间太久，荧光则会逐渐猝灭。观察标本时，宜先用普通明视野观察，当准确找到物象后，再转换荧光镜检。

3. 汞灯需要使用30min以上才可关闭，关闭30min以后方可再次开启。

4. 未装滤光片时不能用眼直接观察，以免引起眼的损伤。

5. 用油镜观察标本时，必须用无荧光的特殊镜油。

（王　涛）

第二节　细菌形态和结构检查法

实验4　细菌涂片的制作

【实验材料】

1. 样本 大肠埃希菌、金黄色葡萄球菌营养肉汤18～24h培养物。

2. 器材 载玻片、接种环、酒精灯。

【实验方法】

1. 涂片 取清洁载玻片1块，用烧灼并冷却了的接种环取菌液1~2环，均匀涂布于载玻片上（直径1~1.5cm）。若取菌落涂片，则需要先用接种环取生理盐水1~2环置于载玻片上，再用烧灼且已冷却的接种环取少许菌落放在生理盐水中研磨均匀，涂成直径为1~1.5cm的菌膜。接种环经火焰灭菌后方可放回原处。

2. 干燥 可将涂片标本面向上，在离火焰约15 cm高处微微加热，促进水分蒸发，切勿靠近火焰。

3. 固定 常用加热固定法，方法是手持载玻片一端，标本面向上，在火焰外焰上水平迅速地来回通过3次。其主要目的是使菌体较牢固地黏附于载玻片上，在染色时不至于被染料和水冲掉，杀死细菌，以及改变细胞对染料的通透性。

【注意事项】

为了能在显微镜下观察细菌的形态，对细菌涂片的制作有一定要求，即涂片不能太厚，细菌在涂片中最好呈单层分布。另外，为了观察细菌的典型形态，应取处于对数生长期的细菌进行涂片。

（吴晓娟）

实验5 细菌涂片的染色

细菌微小、无色半透明，未经染色而单用显微镜放大，仅能粗略地看到其大小和形态。经染色后，在显微镜下除能识别细菌的不同结构外，有时还可协助鉴别细菌。

一、单 染 色 法

使用一种染料进行细菌染色，主要是对细菌的形态与大小进行观察，鉴别作用不大。白喉棒状杆菌异染颗粒染色法属于单染色法。

【实验材料】

1. 样本 白喉棒状杆菌涂片。

2. 染色液与其他 显微镜、香柏油、吸水纸、碱性亚甲蓝染色液等。

【实验方法】

1. 在涂片上滴加碱性亚甲蓝染色液1~2滴，覆盖涂片表面染色2~3min后，用细小的流水轻轻洗去多余染色液。

2. 镜检，用吸水纸吸干玻片上的残余水分，滴加香柏油，用显微镜的油镜观察。

【实验结果】

白喉棒状杆菌染成蓝色，异染颗粒呈深蓝色。

二、复染色法

（一）革兰氏染色法

革兰氏染色法是最常用的细菌鉴别染色方法，不仅有助于观察细菌的形态、大小、排列方式，还可将细菌分为革兰氏阳性与革兰氏阴性两大类，从而有助于进一步鉴别细菌、了解细菌的致病作用和指导选择抗菌药物。

【实验材料】

1.样本 大肠埃希菌、金黄色葡萄球菌培养于营养琼脂斜面16～18h的培养物。

2.革兰氏染色液 结晶紫染色液、复方碘溶液、95%乙醇、稀释石炭酸品红染色液。

3.其他 载玻片、无菌生理盐水、香柏油、显微镜等。

【实验方法】

1.初染 在制作的细菌涂片上滴加结晶紫染色液，室温下静置1min，流水冲洗。

2.媒染 滴加复方碘溶液，室温下静置1min，流水冲洗。

3.脱色 滴加95%的乙醇，室温下晃动载玻片使乙醇在标本上流动，约半分钟至无颜色脱出，流水冲洗。

4.复染 滴加稀释石炭酸品红染色液，室温下静置1min，流水冲洗。

5.镜检 用吸水纸吸干载玻片上的残余水分，滴加香柏油，置于显微镜的油镜下观察。

【实验结果】

大肠埃希菌被染成红色，为革兰氏阴性菌（彩图1-1）；金黄色葡萄球菌被染成紫色，为革兰氏阳性菌（彩图1-2）。

【注意事项】

1.冲洗多余染色液时，要以柔和的流水冲洗，避免流水直接冲击标本。

2.掌握染色时间，乙醇的浓度不宜降低，脱色时间也不宜过长或过短。

3.细菌以16～24h的培养物为宜，细菌的陈旧培养物可影响染色结果。

（二）抗酸染色法

抗酸染色法是用于分枝杆菌属细菌鉴别的染色方法。分枝杆菌菌体脂质含量多不易着色，但完整的分枝杆菌含有分枝菌酸，能在加热条件下与渗入细胞内的石炭酸品红牢固结合，细胞壁有阻止染料脱出的作用。因此，可抵抗盐酸乙醇脱色液的脱色，使菌体呈红色，称为抗酸性细菌。而非抗酸性细菌，不能抵抗盐酸乙醇脱色液的脱色作用，菌体被碱性亚甲蓝复染呈蓝色。

【实验材料】

1.样本 结核病患者痰标本、卡介苗菌液、麻风患者鼻分泌物或皮肤刮取物细菌标本。

2. 抗酸染色液 石炭酸品红染色液、3%盐酸乙醇脱色液、碱性亚甲蓝复染液。

3. 其他 接种环、微型加热器、载玻片、无菌生理盐水。

【实验方法】

1. 初染 滴加石炭酸品红染色液的细菌标本涂片在酒精灯火焰上方微微加热，至染色液有蒸气冒出，持续5min，冷却后用无菌生理盐水冲洗。

2. 脱色 滴加3%盐酸乙醇脱色液，室温下晃动玻片使脱色液在标本上流动至无颜色脱出，流水冲洗。

3. 复染 滴加碱性亚甲蓝复染液染色1min，流水冲洗，待干后镜检。

【实验结果】

分枝杆菌呈红色，杂菌或背景呈蓝色，具体见实验38。

【注意事项】

1. 为提高阳性检出率，痰液可做集菌处理。

2. 初染过程中要防止染色液的沸腾或干涸。

3. 结核病患者痰涂片镜检时，应查遍每个视野。

4. 结核病患者痰涂片阴性，要连续复查3次方能报告。

5. 麻风分枝杆菌较结核杆菌抗酸性弱，故脱色时间应相应缩短。

三、负 染 色 法

负染色又称阴性染色，本法使背景着色而被观察物不着色，由于其染色处理过程并非针对菌体本身，故又称衬托染色法、间接染色法。在负染色法中，标本不需要加热固定，细胞不会因为化学药物的影响而变形，故可观察相对自然状态下的细菌形态。该方法主要用于观察病毒、细菌、细菌鞭毛、细菌荚膜、生物膜等结构。本实验介绍墨汁负染色法，本法常用于新生隐球菌荚膜的观察。

【实验材料】

1. 样本 患者的脑脊液、痰、脓液、尿或组织等。若检查脑脊液，要离心取沉淀物检查。

2. 其他 印度墨汁或国产优质墨汁、载玻片等。

【实验方法与结果】

1. 待检标本放于洁净载玻片上滴加稀释（2~3倍）的印度墨汁1滴，覆以盖玻片。

2. 镜检可见菌体周围有高折光性的宽大荚膜，菌体呈球形、大小不等，有时可见芽生孢子。

【注意事项】

镜下观察标本时应将光圈调小使背景稍暗，以便观察。

四、特殊染色法

（一）芽孢染色法

芽孢厚而致密的壁使其具有折光性强，通透性低，不易着色，但着色后又难以脱色的特性。采用着色力强的染料，加热促进标本着色，然后使菌体脱色，芽孢上的染料仍保留，复染后的菌体和芽孢呈现不同颜色。现介绍两种芽孢染色的方法。

品红-亚甲蓝染色法

【实验材料】

1. 样本　破伤风梭菌疱肉培养基48～72h的培养物。

2. 染色液　石炭酸品红染色液、95%乙醇、碱性亚甲蓝复染液。

3. 其他　酒精灯、显微镜等。

【实验方法】

1. 滴加石炭酸品红染色液于常规涂片上，用酒精灯微微加热至染料冒蒸汽，维持5min，玻片冷后用流水冲洗。

2. 用95%乙醇脱色2min，水洗。

3. 滴加碱性亚甲蓝复染液复染2min，水洗，待干后镜检。

【实验结果】

芽孢红色，菌体蓝色。

【注意事项】

加热时切勿煮沸，加热过程应随时添加染料，勿让标本干涸。

Schaeffer-Fulton氏染色法

【实验材料】

1. 样本　产芽孢菌的营养琼脂培养基培养物。

2. 染色液　①甲液：50g/L孔雀绿水溶液。②乙液：5g/L沙黄水溶液。

3. 其他　小试管、接种环、载玻片、酒精灯、显微镜等。

【实验方法】

1. 初染　加生理盐水2～3滴于小试管中，用接种环从培养基斜面上挑取菌苔于试管中，充分混匀，制成浓稠菌液。加入等量的甲液，沸水浴加热染色15min。

2. 制备涂片　取菌液于洁净载玻片上，涂成薄膜，待干后，通过酒精灯外焰3次进行固定。

3. 脱色　水洗多余染料，直至无染料脱出为止。

4. 复染　加乙液染色2～3min，水洗，待干后镜检。

【实验结果】

芽孢绿色，菌体红色。

【注意事项】

1. 菌液要浓，以保证涂片质量。

2. 也可先取菌直接制备涂片，再进行染色，但由于初染过程中要加热载玻片，应注意加热的温度和时间。

（二）荚膜染色法

荚膜是细菌分泌到菌细胞表面的一层黏液性物质，形态规则、边界清晰。荚膜与细菌的致病性有关，其有助于细菌的鉴定。用普通培养基传代培养，细菌荚膜易丢失，荚膜染色可采用动物组织或组织液涂片。荚膜染色方法除前面介绍的墨汁负染法外，还有Hiss染色、Muir染色两种常用的染色方法。

Hiss（结晶紫-硫酸铜）染色法

【实验材料】

1. 样本 患者体液（痰液、脓汁、血液或脑脊液）或肺炎链球菌于小鼠体内传代2～3次取小鼠腹腔组织液，直接涂片。

2. 荚膜染色液 结晶紫乙醇饱和液；20%硫酸铜溶液。

3. 其他 显微镜等。

【实验方法】

1. 涂片自然干燥加热固定，滴加结晶紫乙醇饱和液。

2. 微火加温，使之冒蒸汽为止，直接用20%硫酸铜溶液洗去涂片上染色液。

3. 以吸水纸吸干玻片上残余水分后镜检。

【实验结果】

菌体和背景呈蓝紫色，菌体周围可见一圈淡紫色或无色的荚膜。

【注意事项】

不能加热干燥涂片，并避免水冲洗玻片，防止荚膜皱缩或脱失。

Muir（品红-亚甲蓝）染色法

【实验材料】

1. 样本 患者体液（痰液、脓汁、血液或脑脊液）或肺炎链球菌于小鼠体内传代2～3次取的小鼠腹腔组织液，直接涂片。

2. 染色液 石炭酸品红染色液、碱性亚甲蓝复染液、特殊媒染剂（由2份升汞饱和水溶液、2份20%鞣酸液、5份钾明矾饱和液混合而成）。

3. 其他 显微镜等。

【实验方法】

1. 涂片自然干燥后加热固定。滴加石炭酸品红染色液微加热，约1min，水洗。

2. 滴加特殊媒染剂，静置0.5min，水洗。

3.滴加碱性亚甲蓝复染液0.5~1min，水洗，待干，镜检。

【实验结果】

菌体呈红色，菌体周围荚膜呈蓝色。

（三）鞭毛染色法

鞭毛是某些细菌表面细长弯曲的丝状物，是细菌的运动器官和特殊结构。直径10~20nm，一般染色不能看到，故须先用媒染剂增粗鞭毛，再经复染使其着色，现介绍两种鞭毛染色的方法。

石炭酸品红染色法

【实验材料】

1. 样本 普通变形杆菌。

2. 染色液 石炭酸品红染色液。

3.其他 营养肉汤培养基、生理盐水、接种环、显微镜等。

【实验方法】

1. 菌种制备 将普通变形杆菌每日在营养肉汤培养基中移种1次，共7次。取出营养琼脂斜面培养基内的凝结水，换以生理盐水2ml。接种一环菌液至琼脂斜面与液体交界部分，再自该部向上划线。37℃条件下孵育7~16h。

2. 涂片制作 以无菌接种环自该交界处取出一环菌液，轻放在盛有3~4ml的生理盐水的小碟表面，使细菌自由分散，浮在液体表面，静置4~5min。用接种环自上述液面轻取一环菌液，放在洁净载玻片上，切勿研磨，自然干燥。

3. 染色 滴加鞭毛染色液数滴覆盖于涂片有菌处，染色10min，水洗，干后镜检。

【实验结果】

菌体染成蓝色，鞭毛染成红色。

【注意事项】

1. 载玻片及其处理，取洁净的新载玻片浸于95%乙醇内备用。

2. 制片过程中切勿研磨或振动，不能加热固定。

镀银染色法

【实验材料】

1. 样本 普通变形杆菌。

2. 染色液 固定液、媒染剂、硝酸银染色液。

3. 培养基 10%血琼脂平板、营养肉汤培养基（营养肉汤灭菌后，经0.22μm孔径滤菌器过滤）。

4. 其他 显微镜、接种环、恒温培养箱等。

【实验方法】

1. 细菌培养 普通变形杆菌点种于10%血琼脂平板上，37℃培养18～24h。用接种环无菌操作取平板上迁徙生长的培养物接种于5ml营养肉汤培养基内，置恒温培养箱内37℃培养5～7h。

2. 涂片制作 用接种环蘸取一环普通变形杆菌营养肉汤培养基培养物，放入无菌蒸馏水内——轻摇混匀并制成约1亿个/ml的菌细胞悬液，室温下静置3～5min。吸取菌悬液1～2滴于载玻片的一端，用洁净玻棒平行于玻片并轻放在悬液的前缘，接触悬液将悬液轻轻地纵向分布至玻片的另一端，使悬液在载玻片上形成薄层标本，自然干燥。

3. 染色 加罗氏固定液于涂片上，于室温静置3min后水洗。加媒染剂处理5min后水洗，加硝酸银染色液于标本上，置恒温培养箱内42℃维持30min。如发现液体边缘形成金属光泽的浮渣，即取出涂片，稍冷后水洗，自然干燥，在显微镜油镜下观察。

【实验结果】

菌体染成呈深褐色，鞭毛粗大，染成浅褐色。

【注意事项】

1. 载玻片及其处理，取洁净的新载玻片浸于95%乙醇内备用。

2. 银染色液现用现配。

3. 在加温过程中随时添加染料，勿让标本干涸。

4. 标本涂片宜薄，且应自然风干（不用火焰固定）。

（四）细菌细胞壁染色法

细胞壁是细菌、真菌等微生物的重要结构，用细胞壁染色法染色后，能够在光学显微镜下观察到细胞壁结构。

【实验材料】

1. 样本 金黄色葡萄球菌营养琼脂培养基培养6～8h的培养物。

2. 细胞壁染色液 5%鞣酸水溶液、5%结晶紫染色液、5%刚果红水溶液。

3. 其他 酒精灯、载玻片、无菌生理盐水等。

【实验方法】

1. 常规制作细菌涂片，室温下自然干燥。滴加5%鞣酸水溶液，静置1h，其间在酒精灯火焰上微加热5min，流水冲洗。

2. 滴加5%结晶紫染色液，室温静置5min，流水冲洗。滴加5%刚果红水溶液，室温静置2min，流水冲洗，待干，镜检。

【实验结果】

细胞壁完整的菌细胞，细胞壁呈紫色，细胞质无色或淡紫色；细胞壁不完整或缺失者，菌细胞呈紫色。

【注意事项】

涂片在室温下自然干燥，勿加热干燥。

（吴晓娟）

第三节　细菌的人工培养技术
实验6　培养基的制备

　　细菌在生理活动过程中，需要不断地从周围环境中摄取各类营养物质。人为地制备适宜细菌生长的培养基和创造其有利的培养条件，能使细菌在体外迅速生长繁殖。这在提高对病原菌分离培养的阳性率、缩短诊断时间、增加生物制品及抗生素的产量等方面都具有实际意义。

　　培养基是人工配制的供微生物生长繁殖的营养基质。培养基应具备以下基本条件：①适宜的营养组成；②适宜的pH；③无菌。

　　培养基的基本成分包括营养物质（蛋白胨、氨基酸、糖类、盐、各种生长因子）和水分，此外有时还包含凝固物质、指示剂、抑制剂等。

　　培养基的种类繁多，按用途分为以下几类：

　　1. 基础培养基　含有蛋白质、糖、无机盐、生长因子与水，适宜绝大多数种类细菌的生长与培养，如营养肉汤培养基、营养琼脂培养基。

　　2. 营养培养基　在基础培养基的基础上再加入葡萄糖、血液、血清、鸡蛋等，以满足营养要求较高细菌的生长繁殖，如血琼脂培养基、巧克力色血琼脂培养基、血清肉汤培养基等。

　　3. 选择培养基　利用细菌对化学药物的敏感性不同，在培养基内加入某种或某些化学药物，可选择分离目标细菌。此类培养基多为固体培养基，如麦康凯培养基。

　　4. 鉴别培养基　不同细菌对营养物质的分解能力及其产物不同，因此可在基础培养基内加入相应的分解底物与指示剂，通过指示剂颜色的变化了解细菌代谢活性和鉴别细菌。常用的鉴别培养基有糖发酵培养基、双糖铁琼脂培养基等。

　　培养基种类众多，但制备的基本程序是相似的，即调配、融化、矫正pH、过滤澄清、分装、灭菌、检定。

　　培养基的主要用途：①繁殖及分离纯种细菌；②传代和保存细菌；③鉴别细菌的种属；④研究细菌的生理生化特性；⑤制造菌苗、疫苗或其他微生物制剂。

　　常用培养基的制备方法详见附录3。

实验7 细菌的接种技术

利用培养基分离、培养细菌是进行细菌感染性疾病诊断或进行细菌学研究的主要实验技术。

一、接 种 工 具

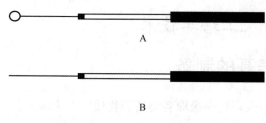

图1-2 接种环（A）和接种针（B）

接种环和接种针是最常用的接种工具，均由3部分组成：环及针部多是由易传热又不易生锈的白金或镍制成，环的直径多为3～4mm，环和针的长度一般为40～50mm，其一端固定于铝制金属杆上，金属杆另一端为手持的绝缘柄（图1-2）。

（一）使用方法

右手执笔式持绝缘柄，将接种环或接种针的金属丝部于酒精灯外焰上烧红，斜持接种环或接种针，旋转金属杆缓慢通过外焰3次，待冷却后取标本。用毕，按上述步骤烧灼灭菌后将其置于架子上，切勿随手乱放。

（二）用途

接种环主要用于划线分离、纯种移种及涂片制备，接种针主要用于穿刺接种及菌落挑选。

二、固体培养基接种法

固体培养基主要用于分离培养和保存细菌。

（一）平板划线分离培养法

根据划线方式不同，可将平板划线分离培养法分为两种，即分区划线法与连续划线法。分区划线法多用于细菌的纯种分离，连续划线法多用于细菌的移种。

【实验材料】

1. 样本 表皮葡萄球菌和大肠埃希菌的营养肉汤培养基培养物；表皮葡萄球菌和大肠埃希菌的混合菌液。

2. 其他 接种环、无菌营养琼脂平板、酒精灯等。

【实验方法】

1. 分区划线法

（1）取无菌普通营养琼脂平板一个，在平皿底部玻璃上标明待接种细菌或样本的名称、接种日期、操作者姓名、实验室编号等。

（2）点燃酒精灯，右手执笔式持接种环，按接种环使用方法杀灭其表面的微生物。

（3）取菌：左手握持混合菌液管，以右手掌小鱼际肌与小手指夹持菌种管的试管塞，左手旋转试管使试管塞松脱后拔出，并将管口迅速通过酒精灯外焰烧灼灭菌。用冷却后的接种环挑取混合菌液一环，将菌种管的管口再次通过酒精灯外焰轻微烧灼后，塞上试管塞并放回试管架。

（4）左手握琼脂平板，用拇指顶开和固定平皿盖。用右手将蘸有菌种的接种环在琼脂平板上端进行局部涂布接种后，接种环与平板面形成30°～40°，以指力在平板表面进行"Z"字形划线，注意勿划破琼脂培养基，此划线区域为A区。

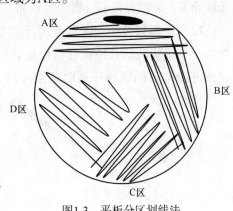

（5）烧灼接种环，杀灭环上的细菌。冷却后将接种环通过A区1～3次，进行"Z"字形划线，此划线区域为B区。

（6）以同样方法继续划线2次，分别为C区、D区（图1-3）。

（7）划线完毕，烧灼接种环灭菌后放回试管架上。

（8）将培养基平皿的底面朝上，置恒温培养箱内37℃培养18～24h。

图1-3　平板分区划线法

2. 连续划线法

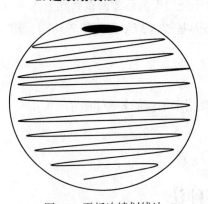

（1）取表皮葡萄球菌或大肠埃希菌，操作同分区划线法。

（2）左手握琼脂平板，开启平皿盖，右手持蘸有菌种的接种环在琼脂平板边缘局部涂布后，以指力在平板表面进行"Z"字形划线，逐渐向下延伸直至划满整个平板（图1-4）。

（3）划线完毕，将接种环烧灼灭菌后放回试管架上。将培养皿底面朝上，置37℃恒温培养箱内培养18～24h。

图1-4　平板连续划线法

【实验结果】

1. 分区划线法　根据混合菌液菌种的不同在C区和D区平板上可见相应形状的单个菌落。

2. 连续划线法　沿接种线可见符合接种细菌性状的菌苔生长。

【注意事项】

分区划线时，同一区的划线应适当平行，由密至疏，但须防止交叉重复。每一区的划线与上区交叉接触1～3次，每区划线间应有一定距离。划线时注意勿划破琼脂培养基。

（二）琼脂斜面接种法

【实验材料】

1. 样本 纯种细菌营养肉汤培养物。

2. 其他 接种环、无菌营养琼脂斜面、酒精灯等。

【实验方法】

1. 取无菌营养琼脂斜面，在试管外壁上标记接种细菌的名称（如表皮葡萄球菌、大肠埃希菌）、接种日期、操作者姓名、实验室编号等。

2. 左手握持纯种细菌营养肉汤培养物，以右手掌小鱼际肌与小手指夹持菌种管的试管塞，左手旋转试管使试管塞松脱后拔出，并将管口迅速通过酒精灯外焰烧灼灭菌。用灭菌并冷却后的接种环挑取菌液一环，将菌种管的管口再次通过酒精灯外焰轻微烧灼后，塞上试管塞并放回试管架。

3. 左手持斜面培养基试管，右手掌小鱼际肌与小指夹持试管口试管塞，左手旋转试管，右手将试管塞拔出，并将管口迅速通过酒精灯外焰烧灼灭菌。将蘸有菌种的接种环自斜面底部向上蜿蜒划线（图1-5）。接种完毕，管口烧灼灭菌，塞回试管塞，接种环烧灼灭菌后放回试管架上。

4. 将斜面培养基放入37℃恒温培养箱内，培养18～24h。

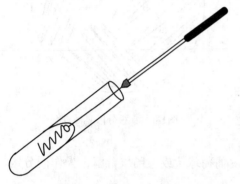

图1-5 琼脂斜面接种法

【实验结果】

沿接种线可见符合接种细菌性状的菌苔生长。其主要用于细菌的转种和保存。

【注意事项】

勿划破培养基表面，取出接种环时勿接触试管壁。

三、半固体培养基接种法

【实验材料】

1. 样本 表皮葡萄球菌、大肠埃希菌培养18～24h的斜面培养物。

2. 其他 接种针、无菌半固体琼脂培养基、酒精灯等。

【实验方法】

1. 取无菌半固体琼脂培养基，在试管外壁上标记待接种细菌名称、接种日期、操作者姓名、实验室编号等。

2. 左手握持细菌斜面培养物，以右手掌小鱼际肌与小手指夹持菌种管的试管塞，左手旋转试管使试管塞松脱后拔出，并将管口迅速通过酒精灯外焰烧灼灭菌。用灭菌并冷却后的接种针挑取少许斜面培养物，将菌种管的管口再次通过酒精灯外焰轻微烧灼后，塞上试管塞并将其放回试管架。

3. 左手握持琼脂培养基试管，右手掌小鱼际肌与小指夹持并拔取试管口试管塞，管口烧灼灭菌。将蘸菌的接种针，垂直刺入半固体培养基的中心（图1-6）至距管底约0.5cm处，随即沿穿刺线退出，管口灭菌后塞好试管塞，接种针烧灼灭菌后放回试管架上。

4. 将接种物置于37℃恒温培养箱内，培养18~24h。

【实验结果】

半固体培养基主要用于观察细菌动力，有动力细菌除沿接种线处有生长外，穿刺线周围混浊，可见瓶刷状扩散生长；无动力细菌仅沿穿刺线上原位生长，周围透明。

图1-6 半固体培养基接种法

【注意事项】

接种针应垂直刺入半固体培养基内，并沿穿刺线原路退出。操作过程中，接种针勿接触试管壁。

四、液体培养基接种法

【实验材料】

1. 样本 大肠埃希菌和枯草芽孢杆菌于营养琼脂斜面培养18~24h的培养物、乙型溶血性链球菌血斜面培养18~24h的培养物。

2. 其他 牛血清、接种环、无菌营养肉汤培养基、酒精灯等。

【实验方法】

1. 取无菌营养肉汤培养基，在试管外壁上标记接种物名称（如枯草芽孢杆菌、大肠埃希菌、乙型溶血性链球菌）、接种日期、操作者姓名、实验室编号等，向标记乙型溶血性链球菌的试管内滴加适量牛血清。

2. 左手握持细菌斜面培养物，以右手掌小鱼际肌与小手指夹持菌种管的试管塞，左手旋转试管使试管塞松脱后拔出，并将管口迅速通过酒精灯外焰烧灼灭菌。用冷却后的接种环挑取少许斜面培养物，将菌种管的管口再次通过酒精灯外焰轻微烧灼后，塞上试管塞并将其放回试管架。

3. 左手握持营养肉汤培养基试管，以右手掌小鱼际肌与小指夹持并拔取试管塞，将管口烧灼灭菌。斜持液体培养基试管，将蘸菌接种环放在液体培养基表面与试管内壁交界处的玻璃面上，上下移动接种环并轻轻研磨使细菌团充分分散，然后将培

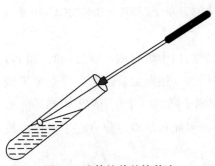

图1-7 液体培养基接种法

养基直立，使细菌均匀混入培养基中，注意不要用力搅动（图1-7）。接种毕，将管口通过火焰灭菌，塞回试管塞，接种环烧灼灭菌后放回架上。

4. 将接种物置于37℃恒温培养箱内培养18～24h。

【实验结果】

根据细菌的动力、细菌排列方式及对氧需求的不同，各种细菌在液体培养基中生长现象不同。大多数细菌在液体培养基中培养后培养基呈均匀混浊状态；有的细菌如乙型溶血性链球菌沉淀式生长，细菌沉于管底，培养基不混浊；有的细菌如枯草芽孢杆菌等在液体表面生长形成菌膜，培养基澄清。液体培养基主要用于增菌、生化实验等。

【注意事项】

接种环挑取细菌后，不宜直接放入液体培养基中，应在接近液面的管壁上反复研磨使细菌分散。细菌如果接种于特殊的液体培养基（如单糖发酵培养基），还可观察除生长方式以外的生物学性状。

（吴晓娟）

实验8 细菌的培养方法

由于细菌种类的不同，培养条件也不同。细菌对培养条件的要求包括温度、气体和湿度等。大多细菌培养所需温度为28～42℃。根据细菌对气体的需求不同，可将细菌培养方法分为普通恒温培养箱法、二氧化碳培养法、厌氧培养法。

一、普通恒温培养箱法

普通恒温培养箱法又称需氧培养法，适用于需氧菌和兼性厌氧菌的培养。将接种好标本的培养基置于37℃恒温培养箱中培养18～24h，一般即可见细菌生长。但一些菌量很少和难于生长的细菌需要培养3～7天甚至1个月才可生长。

二、二氧化碳培养法

某些细菌（如脑膜炎奈瑟菌、淋病奈瑟菌、布鲁杆菌）需要在5%～10%的CO_2环境中才能生长。常用制造CO_2环境的方法有以下3种：

1. 烛缸法 将已接种标本的培养基置于一定体积的磨口干燥缸内，在缸盖缸口均匀涂上少量凡士林（用于隔绝空气），缸内放入点燃的蜡烛，逐渐盖密缸盖，蜡烛由于缺氧可自行熄灭，此时缸内CO_2含量为5%～10%。随后连同干燥缸一并置于37℃恒温培养箱中培养。此法培养细菌时，平皿盖上会有水蒸气凝结，因此在培养之前宜在平皿盖内放一灭菌滤纸片，其角正好为平板边缘所固定。

2. 化学产气法 按每升体积加入0.4g碳酸氢钠与0.35ml浓盐酸的比例，分别将两者置于容器内，连同容器置于干燥缸内，盖紧缸盖后倾斜容器，使两者接触，即产生CO_2。

3. CO_2培养箱法　CO_2培养箱除能够调节温度外，还能调节箱中的湿度和CO_2含量，其CO_2供应靠与培养箱连接的CO_2钢瓶，瓶中定期充有99.99%的CO_2，钢瓶上的真空表可指示CO_2的输出及补充气体时间。

三、厌氧培养法

培养厌氧菌时，由于其对氧敏感，需要将培养环境或培养基中的O_2去除，或将氧化型物质还原，以营造一个低氧化还原电势的厌氧环境。

1. 疱肉培养基法　此培养基中肉渣含有不饱和脂肪酸及麸氨基硫等强还原性物质，能吸收培养基中的氧，使氧化还原电势降低，同时在液体表面覆盖一层无菌凡士林，以隔绝空气中的游离氧继续进入培养基。接种时，先将培养基表面凡士林熔化，斜持试管片刻，使凡士林黏附于管壁一侧，接种标本，并与肉渣充分混合，再加热熔化凡士林，使其附于培养基表面，置于培养箱中培养。且可借助于凡士林上移与否，指示该菌能否产气。

2. 碱性焦性没食子酸法　焦性没食子酸的碱性溶液能迅速吸收O_2，造成适宜厌氧菌生长的环境。方法是将厌氧菌划线接种于血琼脂平板上，取无菌的1块玻板，中央放焦性没食子酸1.0g，覆盖上一小块纱布（中央夹薄层的脱脂棉），在其上滴加1.0ml 10% NaOH，迅速去除平板盖，将平板倒置在玻板上，周围以石蜡或胶泥密封。将玻板连同平板放入37℃恒温培养箱中培养24～48h，观察结果。

3. 厌氧产气袋法　厌氧产气袋是一种特制的不透气的塑料袋，袋中放有气体发生小管，催化剂小管（内放钯粒）和厌氧环境指示剂（亚甲蓝）安瓿。接种好的平板放入袋中，用弹簧夹夹紧袋口，折断气体发生小管，使其发生反应，产生CO_2、H_2，在催化剂作用下，H_2与袋中剩余的O_2生成H_2O，使袋内无氧，经30min，再折断亚甲蓝液安瓿，若指示剂不变蓝，表示袋内已无氧，此时即可放入培养箱中培养。

4. 厌氧培养箱法　对于高度厌氧的细菌，上述方法还不能满足其厌氧的需要。厌氧培养箱通过附带的橡皮手套，所有操作都在箱内进行，箱内充满N_2、H_2、CO_2的混合气体，箱内的氧在催化剂钯的作用下与氢反应。厌氧培养箱价格昂贵，一般供专业实验室使用。

（吴晓娟）

第四节　常用细菌生化鉴定法
实验9　碳水化合物代谢实验
一、糖发酵实验

将某种糖定量加入含有酸碱指示剂的蛋白胨水培养基内，接种细菌并进行培养。通过培养基中指示剂颜色变化及是否有气泡产生，可检测细菌对糖类的分解能力以鉴别细菌。

【实验材料】

1. 样本 大肠埃希菌、伤寒沙门菌于营养琼脂斜面培养18~24h的培养物。

2. 培养基 葡萄糖、乳糖发酵培养基。

3. 器材 接种环、记号笔、恒温培养箱等。

【实验方法】

1. 取葡萄糖、乳糖发酵培养基各2支，分别标记为大肠埃希菌、伤寒沙门菌字样。

2. 按液体培养基接种法用接种环无菌操作接种大肠埃希菌、伤寒沙门菌至相应标记的糖发酵培养基内。

3. 将各管置恒温培养箱内37℃培养18~24h后观察结果。

【实验结果】

若细菌分解相应糖类产酸，则培养基（溴甲酚紫）由紫色变为黄色，用"+"表示；若分解糖类产酸又产气，则可使培养基由紫色变为黄色且集气管内形成气泡，用"⊕"表示；若细菌不能分解相应糖类，则培养基颜色不改变，集气管内无气泡，用"–"表示。本实验结果为大肠埃希菌葡萄糖发酵实验"⊕"，乳糖发酵实验"⊕"；伤寒沙门菌葡萄糖发酵实验"+"，乳糖发酵实验"–"。

【注意事项】

1. 观察结果时，首先确定细菌是否生长，细菌生长可使培养基变混浊。

2. 糖发酵实验中，除葡萄糖、甘露醇、肌醇、水杨苷、卫茅醇和侧金盏花醇等可在培养基常规灭菌前加入外，其他可配成10%~20%浓度的水溶液，经滤过除菌或115℃ 15min（阿拉伯糖、木糖110℃）灭菌后，以无菌操作方式加入培养基，以防高热将糖成分破坏。

二、V-P实验

某些细菌在葡萄糖蛋白胨水培养基内能分解葡萄糖产生丙酮酸，丙酮酸缩合、脱羧生成乙酰甲基甲醇。乙酰甲基甲醇在碱性条件下，暴露在空气中可被氧气氧化成二乙酰。二乙酰与培养基内含胍基化合物（如精氨酸）的胍基结合，生成红色化合物，此反应称为V-P实验阳性。在培养基内加入α-萘酚，可催化阳性反应出现。V-P实验主要用于肠杆菌科细菌的鉴别。

【实验材料】

1. 样本 大肠埃希菌、产气肠杆菌于营养琼脂斜面培养18~24h的培养物。

2. 培养基 葡萄糖蛋白胨水培养基。

3. 试剂与器材 40% KOH溶液、6% α-萘酚乙醇溶液、接种环、记号笔、恒温培养箱等。

【实验方法】

1. 取葡萄糖蛋白胨水培养基2支，分别标记大肠埃希菌、产气肠杆菌字样。

2. 无菌操作法用接种环分别取大肠埃希菌、产气肠杆菌菌种，按液体培养基接种法将各菌接种于相应标记的葡萄糖蛋白胨水培养基内。

3. 将各管置恒温培养箱内37℃培养48h后，在各管内加入1ml 40% KOH溶液。混匀后加入4~6滴6%α-萘酚乙醇溶液，轻轻摇动后，静置观察结果。

【实验结果】

1. 观察结果时，首先确定细菌是否生长，细菌生长可使培养基变混浊。

2. 产气肠杆菌V-P实验结果为阳性。大肠埃希菌V-P实验结果为阴性。

三、甲基红实验

某些细菌可分解葡萄糖产生丙酮酸，丙酮酸可进一步分解生成乳酸、甲酸、乙酸等酸类，使培养基pH达到4.5以下，加入甲基红试剂后可显红色，此为甲基红实验阳性；某些细菌虽能分解葡萄糖产生丙酮酸，但丙酮酸脱羧生成中性的乙酰甲基甲醇，使培养基pH处于5.4以上，加入甲基红试剂后显黄色，此为甲基红实验阴性。

【实验材料】

1. 样本　大肠埃希菌、产气肠杆菌于营养琼脂斜面培养18~24h的培养物。

2. 培养基　葡萄糖蛋白胨水培养基。

3. 试剂与器材　甲基红试剂、接种环、记号笔、恒温培养箱等。

【实验方法】

1. 取葡萄糖蛋白胨水培养基2支，分别标记大肠埃希菌或产气肠杆菌字样。

2. 无菌操作法用接种环分别取大肠埃希菌、产气肠杆菌的菌种，按液体培养基接种法将各菌种接种于相应标记的葡萄糖蛋白胨水培养基内。

3. 将各管置37℃恒温培养箱内培养48h。

4. 取出上述培养基，在各管内加入4~6滴甲基红试剂。轻轻摇动后，静置观察结果。

【实验结果】

1. 大肠埃希菌甲基红实验结果为阳性，产气肠杆菌甲基红实验结果为阴性。

2. 观察结果时，首先确定细菌是否生长，细菌生长可使培养基变混浊。

（綦廷娜）

实验10　氨基酸和蛋白质分解实验

不同细菌具有不同的酶系统，对各种氨基酸或蛋白质的分解能力不同，形成的代谢产物也不完全相同。可用生化实验的方法检查细菌对氨基酸和蛋白质的分解能力及生成的中间代谢产物或终末产物以鉴别细菌。

一、吲哚实验（靛基质实验）

某些细菌可产生色氨酸酶，从而能够分解培养基内的色氨酸，产生吲哚（靛基质）。吲哚无色，不能直接观察到。可在培养基中加入吲哚试剂，使吲哚与试剂中的对二甲基氨基苯甲醛结合生成红色的玫瑰吲哚，此为吲哚实验阳性。反之，若细菌不能分解培养基中的色氨酸产生吲哚，加入吲哚试剂后也不能形成红色的玫瑰吲哚而呈黄色，此为吲哚实验阴性。该实验常用于肠杆菌科细菌的鉴别。

【实验材料】

1. 样本　大肠埃希菌、产气肠杆菌于营养琼脂斜面培养18～24h的培养物。

2. 培养基　蛋白胨水培养基。

3. 试剂与器材　吲哚试剂、接种环、记号笔、恒温培养箱等。

【实验方法】

1. 取蛋白胨水培养基2支，分别标记大肠埃希菌或产气肠杆菌字样。

2. 无菌操作法用接种环分别取大肠埃希菌、产气肠杆菌菌种，按液体培养基接种法接种至相应标记的蛋白胨水培养基内。

3. 将各管置恒温培养箱内37℃培养48h。

4. 取出上述培养基，在各管内沿管壁缓慢加入4～6滴吲哚试剂，使试剂浮于培养物表面，形成两层。静置观察结果。

【实验结果】

1. 大肠埃希菌吲哚实验阳性，产气肠杆菌吲哚实验阴性。

2. 注意观察培养基内加入吲哚试剂后两液面交界处液体颜色变化。

二、硫化氢实验

某些细菌能分解培养基内的含硫氨基酸（胱氨酸、半胱氨酸），从而产生硫化氢。硫化氢与培养基内的乙酸铅或硫酸亚铁反应，生成黑色的硫化铅或硫化亚铁沉淀物，此为硫化氢实验阳性。反之，若细菌不能分解含硫氨基酸，不能生成黑色化合物则为硫化氢实验阴性。该实验常用于肠杆菌科细菌鉴别。

【实验材料】

1. 样本　大肠埃希菌、变形杆菌于营养琼脂斜面培养18～24h的培养物。

2. 培养基　乙酸铅培养基。

3. 器材　接种针、酒精灯、记号笔、恒温培养箱等。

【实验方法】

1. 取乙酸铅培养基2支，分别标记大肠埃希菌或变形杆菌字样。

2. 无菌操作法用接种针分别取大肠埃希菌、变形杆菌菌种，穿刺接种于相应标记的乙酸铅培养基中。

3. 将各管置恒温培养箱内37℃培养48h后观察结果。

【实验结果】

大肠埃希菌硫化氢实验阴性，变形杆菌硫化氢实验阳性。

三、氨基酸脱羧酶实验

某些细菌具有氨基酸脱羧酶，可使氨基酸脱羧，生成胺和CO_2，胺可使培养基pH升高，使溴甲酚紫由黄色变为紫色。常用的氨基酸有3种：赖氨酸、精氨酸和鸟氨酸。本实验主要用于肠杆菌科细菌的鉴定（本实验以赖氨酸脱羧酶实验为例进行介绍）。

【实验材料】

1. 样本　猪霍乱沙门菌、鸡沙门菌于营养琼脂斜面培养18～24h的培养物。

2. 培养基

（1）赖氨酸脱羧酶培养基。

（2）氨基酸对照培养基：上述培养基中不加入赖氨酸成分即为氨基酸对照培养基。

3. 器材　接种环、记号笔、恒温培养箱等。

【实验方法】

1. 取赖氨酸脱羧酶培养基和氨基酸对照培养基各2支，分别标记猪霍乱沙门菌或鸡沙门菌字样。

2. 无菌操作法用接种环分别取猪霍乱沙门菌、鸡沙门菌菌种，接种于相应标记的赖氨酸脱羧酶培养基和氨基酸对照培养基内。

3. 将各管置恒温培养箱内35℃培养1～4天后观察结果。

【实验结果】

接种细菌的对照培养基呈黄色；接种猪霍乱沙门菌的赖氨酸脱羧酶培养基由黄色变为紫色，实验为阳性；接种鸡沙门菌的赖氨酸脱羧酶培养基呈黄色，实验为阴性。

四、苯丙氨酸脱氨酶实验

某些细菌产生苯丙氨酸脱氨酶，使苯丙氨酸脱去氨基，形成苯丙酮酸，加$FeCl_3$试剂与苯丙酮酸螯合后出现绿色产物。该实验主要用于肠杆菌科细菌的鉴定。

【实验材料】

1. 样本　变形杆菌、大肠埃希菌于营养琼脂斜面培养18～24h的培养物。

2. 培养基　苯丙氨酸脱氨酶培养基。

3. 试剂与器材　100g/L $FeCl_3$试剂、接种环、记号笔、恒温培养箱等。

【实验方法】

1. 取苯丙氨酸脱氨酶培养基2支，分别标记变形杆菌或大肠埃希菌字样。

2. 无菌操作法用接种环分别取变形杆菌或大肠埃希菌培养物，接种于相应标记的苯丙氨酸脱氨酶培养基内。

3. 将各管置恒温培养箱内35℃培养18～24h，滴加100g/L FeCl₃试剂数滴于斜面上，自上而下观察结果。

【实验结果】

1. 在加入100g/L FeCl₃试剂5min内做出判断，出现绿色为阳性，随后绿色可褪去。

2. 变形杆菌苯丙氨酸脱氨酶实验阳性，大肠埃希菌苯丙氨酸脱氨酶实验阴性。

五、明胶液化实验

某些细菌可产生明胶酶，能将明胶水解为多肽，又进一步将多肽水解为氨基酸，使其失去凝胶性质而液化。该实验可用于肠杆菌科细菌的鉴别，如沙雷菌、普通变形杆菌、奇异变形杆菌、阴沟杆菌等可液化明胶，而其他细菌很少液化明胶。有些厌氧菌如产气荚膜梭菌、脆弱类杆菌、多数假单胞菌也能液化明胶。

【实验材料】

1. 样本　变形杆菌、大肠埃希菌于营养琼脂斜面培养18～24h的培养物。

2. 培养基　明胶培养基。

3. 器材　接种环、酒精灯、记号笔、恒温培养箱等。

【实验方法】

1. 取明胶培养基3支，分别标记变形杆菌、大肠埃希菌样、对照管字样。

2. 无菌操作法用接种针分别取变形杆菌或大肠埃希菌菌种，以较大量穿刺接种于明胶高层约2/3深度。对照管不接种细菌。

3. 将各管置恒温培养箱内20℃培养5～7天，观察结果。

【实验结果】

变形杆菌明胶液化实验阳性，大肠埃希菌明胶液化实验阴性，对照管阴性。

【注意事项】

1. 若有的菌在20℃不生长而在30℃培养生长后，则观察时应放冰箱或冷水中降温，待对照管凝固后再记录。

2. 灭菌温度过高或过低易影响结果，一般用115℃蒸汽灭菌15min较为合适。

六、尿素酶实验

有些细菌能产生尿素酶，将尿素分解，产生2分子的氨，使培养基变为碱性，并在酚红指示剂作用下从黄色变为红色。该实验常用于肠杆菌科细菌的鉴定。

【实验材料】

1. 样本　变形杆菌、大肠埃希菌于营养琼脂斜面培养18～24h的培养物。

2. 培养基　尿素琼脂斜面培养基。

3. 器材　接种针、酒精灯、记号笔、恒温培养箱等。

【实验方法】

1. 取尿素琼脂斜面培养基2支，分别标记变形杆菌、大肠埃希菌样字样。

2. 无菌操作法用接种针分别取变形杆菌、大肠埃希菌菌种，同时划线及穿刺接种于相应标记的尿素琼脂斜面培养基中。

3. 将各管置恒温培养箱内35℃培养18～24h，观察结果。

【实验结果】

1. 变形杆菌尿素酶实验阳性，大肠埃希菌尿素酶实验阴性。

2. 阴性结果应继续观察4天，若培养基仍为黄色，则判定为阴性。

【注意事项】

需要生长因子的细菌可加入0.1%酵母浸膏。

（慕廷娜）

实验11　有机酸盐和铵盐利用实验

一、柠檬酸盐利用实验

在柠檬酸盐培养基中，柠檬酸盐为唯一碳源、磷酸二氢铵为唯一氮源。某些细菌能分解利用柠檬酸盐，在此培养基上可以生长形成菌落，代谢产生碱性的苯酚盐，使培养基中的溴麝香草酚蓝指示剂由绿色变为深蓝色，为柠檬酸盐利用实验阳性。本实验常用于肠杆菌科细菌的鉴定。

【实验材料】

1. 样本　大肠埃希菌、产气肠杆菌于营养琼脂斜面培养18～24h的培养物。

2. 培养基　柠檬酸盐培养基。

3. 器材　接种环、酒精灯、记号笔、恒温培养箱等。

【实验方法】

1. 取柠檬酸盐培养基2支，分别标记大肠埃希菌或产气肠杆菌字样。

2. 无菌操作法用接种环分别取大肠埃希菌、产气肠杆菌培养物，将其划线接种于有相应标记的柠檬酸盐培养基上。

3. 将上述柠檬酸盐培养基置恒温培养箱内37℃培养24h，观察结果。

【实验结果】

产气肠杆菌柠檬酸盐利用实验阳性，大肠埃希菌柠檬酸盐利用实验阴性。

二、丙二酸盐利用实验

有的细菌可利用丙二酸盐作为唯一碳源，将丙二酸盐分解生成苯酚钠，培养基变碱，使溴麝香草酚蓝指示剂由绿色变为蓝色，此为丙二酸盐利用阳性。本实验常用于肠杆菌科细菌的鉴定。

【实验材料】

1. 样本 大肠埃希菌、肺炎克雷伯菌于营养琼脂斜面培养18～24h的培养物。

2. 培养基 丙二酸钠培养基。

3. 器材 接种环、酒精灯、记号笔、恒温培养箱。

【实验方法】

1. 取丙二酸钠培养基2支，分别标记大肠埃希菌、肺炎克雷伯菌字样。

2. 用接种环无菌操作分别取大肠埃希菌、肺炎克雷伯菌菌种，液体培养基接种法接种于有相应标记的丙二酸钠培养基中。

3. 将上述丙二酸钠培养基置恒温培养箱内37℃培养24h，观察结果。

【实验结果】

肺炎克雷伯菌丙二酸盐利用实验阳性，大肠埃希菌丙二酸盐利用实验阴性（培养基仍为绿色）。

三、乙酸盐利用实验

有的细菌可利用铵盐作为唯一氮源，当其同时利用乙酸盐作为唯一碳源时，可在乙酸盐培养基上生长，分解乙酸钠生成二氧化碳和水，二氧化碳与培养基中的钠离子结合生成的苯酚钠可使培养基变碱，使溴麝香草酚蓝指示剂由绿色变为蓝色，此为本实验阳性。本实验常用于肠杆菌科细菌的鉴定。

【实验材料】

1. 样本 大肠埃希菌、痢疾志贺菌于营养琼脂斜面培养18～24h的培养物。

2. 培养基 乙酸盐利用琼脂培养基。

3. 器材 接种针、酒精灯、记号笔、恒温培养箱。

【实验方法】

1. 取乙酸盐利用培养基2支，分别标记大肠埃希菌、痢疾志贺菌字样。

2. 用无菌操作法分别取大肠埃希菌、痢疾志贺菌的菌种，穿刺接种于有相应标记的乙酸盐利用琼脂培养基中。

3. 将上述乙酸盐利用琼脂培养基置恒温培养箱内37℃培养24h，观察结果。

【实验结果】

大肠埃希菌乙酸盐利用实验阳性，痢疾志贺菌乙酸盐利用实验阴性（培养基仍为绿色）。

四、马尿酸钠水解实验

（一）三氯化铁法

某些细菌可具有马尿酸水解酶，可使马尿酸水解为苯甲酸和甘氨酸，苯甲酸与三氯化铁试剂结合，形成苯甲酸铁沉淀。本实验常用于B群链球菌的鉴定。

【实验材料】

1. 样本　酿脓链球菌、无乳链球菌于血琼脂斜面培养18～24h的培养物。

2. 培养基　马尿酸钠培养基。

3. 试剂与器材　FeCl₃溶液（$FeCl_3 \cdot 6H_2O$ 12g溶于2%盐酸100ml）、接种环、酒精灯、吸管、记号笔、恒温培养箱等。

【实验方法】

1. 取马尿酸钠培养基2支，分别标记酿脓链球菌、无乳链球菌字样。

2. 用接种环无菌操作法分别取酿脓链球菌、无乳链球菌菌种，液体培养基接种法接种于有相应标记的马尿酸钠培养基中。

3. 将上述马尿酸钠培养基置恒温培养箱内35℃培养48h，离心沉淀，取上清液0.8ml加入0.2ml FeCl₃溶液，立即混合均匀，10～15min后观察结果。

【实验结果】

1. 无乳链球菌马尿酸钠水解实验阳性，酿脓链球菌马尿酸钠水解实验阴性。

2. 若出现稳定的沉淀物则记为阳性结果，若轻摇后沉淀物溶解则记为阴性结果。

（二）茚三酮法

某些细菌可具有马尿酸水解酶，可使马尿酸水解为苯甲酸和甘氨酸，甘氨酸在茚三酮的作用下，经氧化脱氨基反应生成氨、二氧化碳和相应的醛，而茚三酮则被还原为还原型茚三酮。其中，氨与还原型茚三酮及残留的茚三酮反应形成紫色化合物。本实验常用于B群链球菌的鉴定。

【实验材料】

1. 样本　酿脓链球菌、无乳链球菌于血清肉汤中培养18～24h的培养物。

2. 试剂与器材　1%马尿酸钠水溶液，茚三酮试剂（茚三酮3.5g溶于100ml按1：1比例混合的丙酮和丁酮混合液中，室温保存，半年内使用），无菌试管，无菌吸管，记号笔，恒温培养箱等。

【实验方法】

1. 取无菌试管2支，分别加入0.4ml 1%马尿酸钠水溶液并标记酿脓链球菌、无乳链球菌字样。

2. 用无菌吸管分别取酿脓链球菌、无乳链球菌菌液0.4ml，加入有相应标记的试管中。

3. 将上述各管置35℃条件下培养2h，加入0.2ml茚三酮试剂，混匀后观察结果。

【实验结果】

无乳链球菌马尿酸钠水解实验阳性，酿脓链球菌马尿酸钠水解实验阴性。

（慕廷娜）

实验12 细菌酶的检测

一、脂肪酶实验

维多利亚蓝可与培养基中的脂肪结合生成无色或粉红色化合物。某些细菌能产生脂肪酶，可分解脂肪生成游离脂肪酸，从而使培养基内与脂肪结合的维多利亚蓝释放出来而显示深蓝色。该实验主要用于厌氧菌的鉴别。

【实验材料】

1. 样本 脆弱拟杆菌、破伤风梭菌于血琼脂平板上培养24～48h的培养物。

2. 培养基 含维多利亚蓝的脂酶培养基平板。

3. 器材 接种环、酒精灯、记号笔、恒温培养箱等。

【实验方法】

1. 取脂酶培养基平板2个，分别标记脆弱拟杆菌、破伤风梭菌字样。

2. 用接种环以无菌操作法分别取脆弱拟杆菌、破伤风梭菌菌种，划线接种于有相应标记的脂酶培养基平板上。

3. 将上述培养基置恒温培养箱内37℃培养24h，观察结果。

【实验结果】

1. 培养基蓝色为脂肪酶实验阳性，粉红色或无色为脂肪酶实验阴性。

2. 破伤风梭菌脂肪酶实验阳性，脆弱拟杆菌脂肪酶实验阴性。

二、卵磷脂酶实验

某些细菌能产生卵磷脂酶，在Ca^{2+}存在时可迅速分解卵黄培养基内的卵磷脂，生成甘油酯和水溶性磷酸胆碱。从而使菌落周围的培养基显示不透明的乳白色混浊环。该实验主要用于厌氧菌的鉴别。

【实验材料】

1. 样本 破伤风梭菌、产气荚膜梭菌于血琼脂平板上培养24～48h的培养物。

2. 培养基 1%卵黄琼脂培养基平板。

3. 器材 接种环、酒精灯、记号笔、恒温培养箱。

【实验方法】

1. 取1%卵黄琼脂培养基平板2个，分别标记产气荚膜梭菌、破伤风梭菌字样。

2. 无菌操作法用接种环分别取产气荚膜梭菌、破伤风梭菌培养物，划线接种于有相应标记的1%卵黄琼脂培养基平板上。

3. 将上述培养基置恒温培养箱内35℃培养18～24h，观察结果。

【实验结果】

1. 菌落周围若出现乳白色混浊环，则实验为阳性；若无乳白色混浊环，则实验为阴性。随着培养时间延长，混浊环可逐步扩展。

2. 产气荚膜梭菌卵磷脂酶实验阳性，破伤风梭菌卵磷脂酶实验阴性。

三、淀粉酶实验

淀粉酶实验又称为淀粉水解实验。某些细菌可产生分解淀粉的酶，把淀粉水解为麦芽糖或葡萄糖，可用碘试剂检测淀粉是否被分解。若菌苔或菌落周围出现无色透明环，而培养基无菌生长部位仍呈蓝色，则为淀粉酶实验阳性；若菌苔或菌落周围无透明环出现，而培养基呈蓝色，则为淀粉酶实验阴性。

【实验材料】

1. 样本　枯草芽孢杆菌、短小芽孢杆菌的24h肉汤培养物。

2. 培养基　1%淀粉琼脂培养基平板。

3. 试剂与器材　复方碘溶液、无菌棉签、酒精灯、记号笔、恒温培养箱等。

【实验方法】

1. 取1%淀粉琼脂培养基平板2个，分别标记枯草芽孢杆菌、短小芽孢杆菌字样。

2. 无菌棉签蘸取菌液，于1%淀粉琼脂培养基平板上呈一直线接种。

3. 将上述培养基置恒温培养箱内37℃孵育48h。

4. 滴加复方碘溶液数滴于培养物的菌落上，3～5min后观察结果。

【实验结果】

枯草芽孢杆菌淀粉酶实验阳性，短小芽孢杆菌淀粉酶实验阴性。

【注意事项】

1. 淀粉水解系逐步进行的过程，因此实验结果可受到菌种产生淀粉酶的能力、培养时间、培养基淀粉含量、pH等因素的影响。培养基以pH 7.2为最佳。

2. 淀粉琼脂培养基平板不宜保存于冰箱，以临用时制备为妥。

3. 因枯草芽孢杆菌有扩散生长趋向，故培养基平板于使用前应置37℃恒温培养箱内，使培养基平板表面干燥，接种菌量宜少。

四、触酶实验

触酶实验又称为过氧化氢酶实验。产生过氧化氢酶的细菌能催化过氧化氢生成水和新生态氧，继而形成分子氧并形成气泡。

【实验材料】

1. 样本　金黄色葡萄球菌、大肠埃希菌于营养琼脂斜面培养18～24h的培养物。

2. 试剂与器材　3% H_2O_2溶液。接种环、载玻片等。

【实验方法】

1. 用接种环分别取金黄色葡萄球菌、大肠埃希菌的培养物，点置于载玻片上。

2. 滴加3% H_2O_2溶液于载玻片上的细菌培养物处，立即观察结果。

【实验结果】

1. 若有大量气泡产生，则为触酶实验阳性；若没有气泡产生，则为触酶实验阴性。

2. 金黄色葡萄球菌触酶实验阳性，大肠埃希菌触酶实验阴性。

3. 不宜取用血琼脂平板上生长的细菌进行触酶实验，因红细胞含有触酶，可造成假阳性结果。

五、硝酸盐还原实验

某些细菌具有硝酸盐还原酶，能将培养基中的硝酸盐还原为亚硝酸盐、氨和氮气等。如果培养基中的硝酸盐被还原为亚硝酸盐，亚硝酸盐与乙酸作用可生成亚硝酸，在培养基中加入格利斯亚硝酸试剂后，与试剂中的对氨基苯磺酸作用生成重氮基苯磺酸，后者与α-萘胺结合生成N-α-萘胺偶苯磺酸，使培养基变为粉红色或红色，此为阳性反应。肠杆菌科细菌（光杆状菌属除外）均能还原硝酸盐。

【实验材料】

1. 样本　大肠埃希菌于营养琼脂斜面培养18～24h的培养物。

2. 培养基　硝酸盐胨水培养基。

3. 试剂与器材　格利斯亚硝酸试剂Ⅰ（对氨基苯磺酸0.8g+5mol/L乙酸100ml）、格利斯亚硝酸试剂Ⅱ（α-萘胺0.5g+5mol/L乙酸100ml）、锌粉、接种环、酒精灯、记号笔、恒温培养箱等。

【实验方法】

1. 取硝酸盐胨水培养基2支，分别标记大肠埃希菌、对照管字样。

2. 以无菌操作法用接种环取大肠埃希菌培养物，按液体接种法接种于相应标记的硝酸盐胨水培养基中。对照管不接种细菌。

3. 将上述硝酸盐胨水培养基置恒温培养箱内37℃培养48h，观察结果。

4. 无菌操作将对照管和各实验管溶液分别分成两管，其中一管取0.1ml格利斯亚硝酸试剂Ⅰ、Ⅱ等量混合液加入培养基内；另一管先加入少量锌粉，加热，再加入格利斯亚硝酸试剂Ⅰ、Ⅱ等量混合液0.1ml，立即或于10min内观察培养基颜色变化情况。

【实验结果】

1. 对照管　在未接种细菌的硝酸盐胨水培养基中（即对照管）加入格利斯亚硝酸试

剂后，未出现红色反应，为硝酸盐还原实验阴性。加入锌粉和格利斯亚硝酸试剂后，出现红色反应，确认为阴性反应。

2. 实验管　接种大肠埃希菌的硝酸盐胨水培养基中，加入格利斯亚硝酸试剂后，出现红色反应，此为硝酸盐还原实验阳性。

【注意事项】

1. 进行实验时必须有未接种的培养基管作为阴性对照。

2. 加入格利斯亚硝酸试剂后应立即判定结果（因阳性红色消退很快）；α-萘胺具有致癌性，故使用时应加注意。

3. 硝酸盐还原实验观察结果时不出现红色反应，应考虑以下两种情况：①细菌不能还原硝酸盐，未生成亚硝酸盐，此为阴性反应；②细菌还原硝酸盐生成亚硝酸盐，且亚硝酸盐进一步被细菌还原生成氨和氮气，故培养基中也无亚硝酸盐存在，此为假阴性反应。可采用如下方法检查是否为假阴性反应：在培养液中加入锌粉并加热（其作用是将硝酸盐还原为亚硝酸盐），再加入格利斯亚硝酸试剂，若不出现红色，则说明原培养液中所含硝酸盐已被细菌所还原，不能被所加的锌粉还原为亚硝酸盐，故确认为是阳性反应；如果在培养液中加入锌粉及格利斯亚硝酸试剂后，溶液呈红色，则说明原培养液中的硝酸盐未被细菌还原，而被所加的锌粉还原为亚硝酸盐，确认为阴性反应。

（綦廷娜）

第五节　常用细菌血清学实验

血清学实验指用已知抗体（或抗原）检测未知抗原（或抗体）的体外实验，它是感染性疾病病原学诊断和病原菌鉴定的重要手段之一。细菌的某些化学组分具有良好的免疫原性及抗原性，因此可用细菌的这些化学组分免疫动物制成已知抗体，来检测或鉴定未知细菌或细菌抗原，这种方法称为血清学鉴定；也可用细菌的特异性化学组分制成已知抗原，来检测待检血清中有无相应抗体及其效价的动态变化，作为某些感染性疾病的辅助诊断，称为血清学诊断。常用的细菌血清学实验主要包括凝集实验、沉淀实验等。

实验13　凝　集　实　验

在适宜的电解质条件下，颗粒性抗原与其相应抗体结合，可形成肉眼可见的凝集现象，称为凝集反应。凝集实验可分为玻片凝集实验、试管凝集实验和协同凝集实验（主要为SPA协同凝集实验）等。

一、玻片凝集实验（slide agglutination test）

【实验材料】

1. 样本　患者粪便中分离的可疑肠道病原菌在营养琼脂斜面培养18～24h的培养物。

2. 试剂与器材 伤寒沙门菌诊断血清、灭菌生理盐水、载玻片、接种环等。

【实验方法】

1. 取洁净载玻片一张，用记号笔划分为两格并标记。无菌操作下，用接种环取伤寒沙门菌诊断血清1~2环加于第1格内，取1~2环灭菌生理盐水加于第2格作为对照。

2. 无菌操作下，用接种环取少许可疑肠道病原菌的培养物，分别与第2格及第1格中的灭菌生理盐水或诊断血清混合均匀，呈乳浊液。

3. 轻轻摇动玻片，1~2min后肉眼观察结果。

【实验结果】

1. 在1~3min，第1格出现明显可见的凝集块，液体变为透明，而第2格（灭菌生理盐水对照）仍为乳浊液，即为凝集反应阳性，说明被检菌与已知诊断血清相对应；若第1格也为乳浊液，即为阴性反应。

2. 若第1格和第2格均出现凝集块则为自凝。

【注意事项】

1. 病原菌与诊断血清或灭菌生理盐水混合时，应先与灭菌生理盐水混合，再与诊断血清混合，以避免诊断血清混入灭菌生理盐水而影响对照结果。

2. 如环境温度过低，则可将玻片背面与手背轻轻摩擦或置于酒精灯火焰旁略微加热，以提高反应温度。

二、试管凝集实验（tube agglutination test）

肥达试验（widal test）

【实验材料】

1. 样本 1∶10稀释的疑似肠热症患者的待检血清。

2. 试剂与器材 伤寒沙门菌O抗原、H抗原，甲型副伤寒沙门菌H抗原，乙型副伤寒沙门菌H抗原，生理盐水，试管，刻度吸管，恒温水浴箱。

【实验方法】

1. 于试管架上放4排小试管，每排8支，依次编号。

2. 用吸管吸取生理盐水至各试管内，每管0.5ml。

3. 用吸管在每一排第1管内各加入0.5ml患者血清，吹吸混匀，吸取0.5ml加入每一排第2管。同样方法做对倍稀释，依次稀释至第7管，并弃去0.5ml，第8管不加血清，作为对照。

4. 从第8号管开始，由后向前加入诊断抗原。第1排各管中加入0.5ml伤寒沙门菌H抗原；在第2排各管加入0.5ml伤寒沙门菌O抗原；在第3排各管中加入0.5ml甲型副伤寒沙门菌H抗原；在第4排各管中加入0.5ml乙型副伤寒沙门菌H抗原，肥达试验操作方法步骤见表1-1。

表1-1 肥达试验操作步骤

试管	1	2	3	4	5	6	7	8
生理盐水（ml）	0.5	0.5	0.5	0.5	0.5	0.5	0.5	0.5
1：10血清（ml）	0.5	0.5	0.5	0.5	0.5	0.5	0.5	弃0.5
抗原（ml）	0.5	0.5	0.5	0.5	0.5	0.5	0.5	0.5
血清最终稀释度	1：40	1：80	1：160	1：320	1：640	1：1280	1：2560	—

5. 加完菌液后，振荡试管架，使之混匀，再将其置于52℃恒温水浴箱2~4h，取出置于室温过夜，次日观察结果。

【实验结果】

1. 对照管无凝集现象，管内液体仍呈乳浊状。但若放置时间较长，抗原颗粒沉淀于管底呈点状，则为阴性反应。

2. 与对照管相比，实验管可见管底有不同大小的圆片状边缘不整齐的凝集物，上清液则澄清透明或有不同程度的混浊。凝集的强弱可用"+"号表示，具体如下：

"++++"表示最强，可见管内液体完全澄清，凝集块完全沉于管底。

"+++"表示强，可见管内液体轻度混浊，大部分凝集块沉于管底。

"++"表示中等强度，可见液体半澄清，部分凝集块沉于管底。

"+"表示弱，可见管内液体混浊，少量凝集块沉于管底。

"–"表示不凝集，可见管内液体和对照管一样呈乳浊状，无凝集块。

3. 通常以能产生明显凝集（++）的血清最大稀释度作为该血清的凝集效价。若第1~7管均无凝集现象，结果为效价<1：40，若第7管仍呈"++"或更强凝集现象，则效价>1：2560。

【注意事项】

1. 液体混合时，需要用吸管连续吹吸数次。吸液时吸管应深入液面以下，以防止吸进空气；注液时应离开液面，以防止气泡产生或液体溢出试管。

2. 观察结果前切勿摇动试管，以免凝集块分散。

3. 判断结果时，应在暗背景下透过强光逐管检查。

三、SPA协同凝集实验（SPA coagglutination test）

大多数金黄色葡萄球菌表面都具有葡萄球菌A蛋白（staphylococcal protein A，SPA），SPA能与人及多种哺乳动物的IgG Fc段非特异性结合，结合后的IgG分子Fab段能与相应抗原特异性结合而产生特异性凝集反应，这种以金黄色葡萄球菌作为IgG载体进行的凝集实验称为协同凝集实验。

【实验材料】

1. 样本 待检菌株、A群脑膜炎奈瑟菌标准菌株培养物。

2. 试剂与器材 A群脑膜炎奈瑟菌诊断血清、市售产SPA菌冻干物、磷酸盐缓冲液（PBS）（0.01 mol/L pH 7.4）、无菌蒸馏水、洁净玻片等。

【实验方法】

1. 菌悬液制备：取1份产SPA菌冻干物溶于1ml无菌蒸馏水内，加入少量PBS，并以3000r/min离心洗涤30min，弃上清；菌体沉淀物中加入PBS制成浓度为10%的菌悬液。

2. 诊断液制备：将0.2ml A群脑膜炎奈瑟菌诊断血清加入1ml 10%菌悬液中，置37℃水浴中作用30min，此间应不断振摇；取出后加入适量PBS以3000r/min离心洗涤30min，连续洗涤3次，弃上清，沉淀重悬于1ml含0.1%叠氮钠的PBS中。

3. 用记号笔将载玻片分成3格，分别编号为1、2、3，于第1、3格分别加1滴诊断液，第2格加1滴菌悬液（阴性对照）。

4. 第1、2格分别加待检菌株少许，第3格加A群脑膜炎奈瑟菌标准菌株培养物少许（阳性对照），分别用牙签混匀，2min内观察结果。

【实验结果】

根据凝集与否对待检菌株做出鉴定。

【注意事项】

免疫血清的效价及特异性是本反应中的一个关键因素。只有具备良好的免疫血清，才能制备出敏感性高、特异性强的诊断液。

（王　涛）

实验14　沉淀实验

可溶性抗原与相应抗体在有电解质存在的情况下，按适当比例所形成的可见沉淀物现象，称为沉淀反应。据此现象设计的沉淀实验主要包括环状沉淀实验、絮状沉淀实验和凝胶内的沉淀实验。其中，环状沉淀实验又称为阿斯卡利实验（Ascoli's test）。沉淀反应与凝集反应的原理基本相同，所不同的是沉淀反应使用的抗原是可溶性的。本节主要介绍环状沉淀实验。

【实验材料】

1. 样本　待检动物的皮毛、内脏等样品。

2. 试剂与器材　炭疽芽孢杆菌高效价免疫血清、牛血清、环状实验小管、毛细吸管、灭菌生理盐水、恒温水浴箱、灭菌试管等。

【实验方法】

1. 标本前处理，无菌操作下将待检样品剪碎放入灭菌试管内并加入10ml灭菌生理盐水。隔水加热煮沸15min，离心后，取上清液备用。

2. 取环状实验小管3支，分别标记1、2、3，用毛细吸管于1、2管中分别加入0.2ml炭疽芽孢杆菌高效价免疫血清，于第3管中加入牛血清0.2ml。

3. 用毛细吸管吸取待检样品上清液，沿试管壁缓缓加在1、3实验管血清上，各0.2ml，第2管加灭菌生理盐水作为阴性对照。

4. 室温下静置15min，观察结果。

【实验结果】

观察上清液与炭疽芽孢杆菌高效价免疫血清交界面，若出现白色环状沉淀线则为阳性反应。

【注意事项】

1. 炭疽芽孢杆菌为高致病性微生物，样本检测需要在生物安全二级（BSL-2）实验室进行。

2. 加入抗原时应沿着管壁缓慢加入，切勿摇晃。

（王　涛）

实验15　荚膜肿胀实验

荚膜肿胀实验（capsule swelling test）是利用特异性抗血清与相应细菌的荚膜抗原特异性结合形成复合物，以使细菌荚膜显著增大而出现肿胀。常用于肺炎链球菌、流感嗜血杆菌和炭疽芽孢梭菌等的检测。

【实验材料】

1. 样本　Ⅲ型肺炎链球菌、肺炎链球菌待检菌株。

2. 试剂与器材　Ⅲ型肺炎链球菌抗血清、结晶紫染色液、洁净玻片等。

【实验方法】

1. 用记号笔将洁净玻片分为1、2两个区域。

2. 无菌操作下，取1～2环待检菌株培养物加入1号区域内，取1～2环Ⅲ型肺炎链球菌培养物加入2号区域内作为阳性对照。

3. 无菌操作下，分别取1～2环Ⅲ型肺炎链球菌抗血清与待检菌株或Ⅲ型肺炎链球菌混合均匀。

4. 在两个域内各加入一环结晶紫染色液，混匀后加盖玻片，室温下静置5min后，置显微镜油镜下观察。

【实验结果】

如待检菌株和阳性对照一样，镜下可见紫色菌体周围有界限清晰、较宽厚、无色环状带即为阳性反应；若待检菌株未能像阳性对照一样出现的肿胀的荚膜，则为阴性反应。

（王　涛）

第六节 细菌毒素检查法

许多病原性细菌在生长繁殖过程中可合成及分泌外毒素，外毒素主要由革兰氏阳性菌和少数革兰氏阴性菌产生，其抗原性强、毒性强烈、对宿主的组织器官具有选择毒性作用，因此可引起宿主发生特殊的临床表现。革兰氏阴性菌在其菌体死亡裂解后可释放出内毒素，内毒素可使机体产生发热、白细胞数量改变、出血倾向、弥散性血管内凝血、休克等毒性反应。细菌毒素的检查可分为体内法和体外法两类。

实验16 外毒素感染及其检测
一、破伤风痉挛毒素的检测（体内法）

破伤风痉挛毒素等细菌外毒素进入机体后，可使机体出现特殊临床症状，将待检测标本注入动物体内，观察动物注射后的毒性反应，以判断是否存在相应外毒素。

【实验材料】

1. 样本 破伤风梭菌疱肉培养基培养物上清液。

2. 试剂与器材 清洁级小鼠4只、2.5%碘酒、75%乙醇、无菌注射器、无菌棉签等。

【实验方法】

1. 取1只小鼠，用2.5%碘酒及75%乙醇做常规皮肤消毒后，于腹腔内注射破伤风抗毒素1000U，30min后于一侧后腿肌内注射1∶10稀释的破伤风梭菌疱肉培养基培养物上清液0.1ml，做好标记。

2. 取3只小鼠，常规皮肤消毒后，分别于一侧后腿肌内注射1∶10、1∶50、1∶100稀释的破伤风梭菌疱肉培养基培养物上清液0.1ml，做好标记。

3. 将小鼠放入笼中喂养并逐日观察。

【实验结果】

有抗毒素保护的小鼠不发病，无抗毒素保护的小鼠可逐渐出现后肢、尾部痉挛，肌肉强直，角弓反张等症状。

【注意事项】

实验过程中应注意勿将破伤风梭菌疱肉培养基培养物上清液注入人体。

二、Elek平板毒力实验（体外法）

Elek平板毒力实验是一种外毒素的体外检测法。通过观察白喉抗毒素与白喉外毒素在琼脂内扩散并结合形成沉淀的现象，判断所培养的白喉杆菌的产毒性。

【实验材料】

1. 样本 待检的白喉棒状杆菌及白喉棒状杆菌产毒株于吕氏血清斜面培养18~24h的

培养物。

2. 试剂与器材 Elek琼脂培养基、白喉抗毒素、灭菌滤纸条、灭菌镊子、接种环、恒温培养箱等。

【实验方法】

1. 将Elek琼脂培养基加热熔化，冷却至50℃左右，加入无菌兔（或牛）血清（20ml/100ml）混匀后，倾注平板。

2. 在琼脂凝固前，用灭菌镊子将浸有白喉抗毒素（1000U/ml）的灭菌滤纸条贴于平板中央，待琼脂凝固后将平板置37℃恒温培养箱内1～2h，使培养基略干燥。

3. 将待检菌株和产毒白喉棒状杆菌以与灭菌滤纸条垂直方向划线接种于Elek琼脂培养基上，置恒温培养箱内37℃条件下培养24～72h。

【实验结果】

观察接种线两侧距滤纸条约1cm处是否有与接种线呈45°角的乳白色沉淀线出现，有沉淀线者为白喉棒状杆菌毒力实验阳性，该菌株产生白喉外毒素；若72h仍未出现沉淀线则为实验阴性。

【注意事项】

1. 接种细菌时，应在滤纸条垂直方向上划线接种。

2. 含有白喉抗毒素的滤纸条应在琼脂完全凝固前贴于平板中央。

（王 涛）

实验17 内毒素感染及其检测

内毒素进入机体后可引起机体发热反应，将定量的被检测标本通过耳缘静脉注入家兔体内，观察注射标本后家兔的体温变化，从而可以判断是否存在内毒素。本实验为家兔发热法（体内法）检测内毒素，本书的实验60介绍体外法检测注射剂中的内毒素。

【实验材料】

1. 样本 注射液、注射用水和生物制品等。

2. 实验动物 健康成年家兔（体重1.7～3.0kg）。

3. 试剂与器材 灭菌注射器、75%乙醇、无菌棉签、肛用体温表等。

【实验方法】

1. 取3只健康成年家兔，分别测量肛温（正常范围38.5～39.6℃）。

2. 测温后15min内，由家兔耳缘静脉注射预温至38℃的待检样品（1ml/kg）。

3. 每隔30min测肛温1次，连续6次。取最高1次肛温减去正常体温，即为该兔的体温升高值。

4. 初试3只健康成年家兔中仅有1只体温升高≥0.6℃，或3只健康成年家兔升温均<0.6℃，但升温的总数达≥1.4℃，应另取5只健康成年家兔复试，检查方法同上。

【实验结果】

具有下列条件之一者即可判为阳性：

1. 初试3只健康成年家兔中，体温升高≥0.6℃的家兔数超过1只，可判断为阳性。

2. 复试的5只健康成年家兔中，体温升高≥0.6℃以上的家兔数超过1只，可判断为阳性。

3. 初、复试合并8只健康成年家兔的升温总数超过3.5℃，可判断为阳性。

【注意事项】

1. 实验过程中勿使家兔躁动，以避免其体温波动过大。

2. 使用的玻璃注射器、针头等，须先在250℃干烤箱处理至少30min，以除去热原质。

（王 涛）

第七节 细菌的变异现象与变异菌株的检测

实验18 细菌变异现象的观察

遗传性和变异性是细菌等微生物的基本特性之一。细菌的形态结构、代谢活性、抗原性、毒力、致病性和药物敏感性等性状常常可由于细菌遗传物质的改变或环境中物理、化学、生物因素的影响而发生遗传性或非遗传性变异。医学上重要的细菌变异现象包括形态与结构的变异、培养特性与代谢变异、毒力变异、耐药性变异等。

一、细菌S-R变异现象的观察

细菌的菌落可分为光滑型（smooth，S）和粗糙型（rough，R）两种。S-R变异（S-to-R variation）又称菌落变异，是指细菌菌落从光滑状态转变为粗糙而皱缩的状态，多见于肠道杆菌。S-R变异是由于细菌外界因素作用，细菌表面的物质结构发生变化（如革兰氏阴性菌丢失脂多糖的特异性寡糖重复单位、细菌丢失荚膜等）引起的。

【实验材料】

1. 样本 大肠埃希菌于营养琼脂上培养18～24h的培养物。

2. 培养基 0.1%苯酚营养琼脂平板、营养琼脂平板。

3. 试剂与器材 接种环、酒精灯、恒温培养箱等。

【实验方法】

1. 大肠埃希菌R型的诱导：无菌操作下取大肠埃希菌划线接种于0.1%苯酚营养琼脂平板，置37℃培养24h后，取单菌落转种于另一上述平板，连续传五、六代即可变为R型。

2. 将S型和R型大肠埃希菌，以平板划线分离法分别接种于两个营养琼脂平板上。

3. 置37℃恒温培养箱内培养18～24h后，观察两型菌落的特点。

【实验结果】

S型菌落表面光滑、湿润、边缘整齐；R型菌落表面粗糙、干燥、边缘不整齐。

【注意事项】

营养琼脂平板表面应略干燥。

二、细菌鞭毛变异（H-O变异）

鞭毛是细菌的运动器官，鞭毛由于动力可使细菌在固体培养基上迁徙生长，菌落似薄膜，称为H菌落；由于外环境因素的影响或基因丢失，细菌可丧失鞭毛并因此而丧失动力，失去鞭毛的细菌呈单个菌落生长，称为O菌落。

【实验材料】

1. 样本　普通变形杆菌于肉汤培养基上培养18～24h的培养物。

2. 试剂与器材　营养琼脂平板、0.1%苯酚营养琼脂平板、接种环、酒精灯、恒温培养箱等。

【实验方法】

1. 无菌操作下，用接种环取一环普通变形杆菌的培养物，点种于营养琼脂平板的边缘处。

2. 以同样方法取培养物点种于0.1%苯酚营养琼脂平板的边缘处。

3. 将各平板置恒温培养箱内37℃培养18～24h。

【实验结果】

1. 在0.1%苯酚营养琼脂平板上，变形杆菌只在点种处生长。

2. 在营养琼脂平板上，变形杆菌呈迁徙式生长。

【注意事项】

1. 接种菌量不宜过多。

2. 接种过程中切勿划破平板。

三、细菌毒力变异

细菌的毒力变异可表现为毒力增强或减弱。荚膜是构成肺炎链球菌等细菌毒力的物质基础之一。本实验通过比较肺炎链球菌有荚膜和无荚膜菌株对动物的致病性，了解荚膜存在与否对细菌毒力的影响。

【实验材料】

1. 样本　Ⅲ型肺炎链球菌有荚膜菌株和无荚膜菌株的血清肉汤18～24h培养物。

2. 试剂与器材　小白鼠2只、2.5%碘酒、75%乙醇、灭菌注射器、脱脂棉等。

【实验方法】

1. 用灭菌注射器吸取两株Ⅲ型肺炎链球菌的菌种培养物各0.5ml，分别注入两只小白鼠的腹腔内，分别标记为无荚膜组与有荚膜组。

2. 将小鼠分别放入鼠笼内饲养，于24h观察小鼠是否发病。

【实验结果】

注射有荚膜Ⅲ型肺炎链球菌小鼠发病或死亡，注射无荚膜Ⅲ型肺炎链球菌小鼠不发病。

（王　涛）

实验19　细菌基因突变的特性

基因突变是指生物遗传物质的结构发生突然而稳定的改变，从而导致生物的某些性状发生遗传性变异。基因突变具有随机性、不对应性、稀少性、可诱导性、可逆性等特性。

一、影印培养实验（replica plating test）

影印培养实验是一种在一系列平板的相同位置上，筛选相同遗传型菌落的实验方法，通过该实验可证明细菌基因突变的自发性、随机性和不对应性。通过影印培养实验就可以从非选择性条件下生长的细菌群体中，分离出各种类型的突变菌种，目前其已广泛应用于营养缺陷型菌株的筛选及抗药性菌株筛选等研究工作中。

【实验材料】

1. 样本　大肠埃希菌K12菌株。

2. 试剂与器材　营养琼脂平板、含链霉素营养琼脂平板、肉汤培养基、L形涂布棒、灭菌绒布、恒温培养箱等。

【实验方法】

1. 将大肠埃希菌K12菌株接种于肉汤培养基内，至37℃恒温摇床内培养18~24h。

2. 取0.1ml菌液于营养琼脂平板表面，并用灭菌的L形涂布棒将菌液均匀涂布于平板表面，平板置恒温培养箱内37℃培养18~24h后观察菌落生长情况（菌落控制在50~300个）。

3. 将灭菌绒布固定在直径较平板略小的圆柱形物体上，构成"印章"，然后把长有菌落的营养琼脂平板倒置在绒布的"印章"上，轻轻印一下；再把此"印章"在含链霉素营养琼脂平板上轻轻印一下（菌落影印的位置应与普通营养琼脂平板上的菌落位置相对应），平板置恒温培养箱37℃条件下培养18~24h，观察菌落生长情况。

【实验结果】

比较影印平板与母平板上菌落生长情况，即可从营养琼脂平板上的相应位置筛选出耐药突变型菌落。

【注意事项】

在影印过程中应注意菌落位置的对应，避免漏印。

二、彷徨变异实验（fluctuation variation test）

彷徨变异实验又称变量实验或波动实验，是证明微生物群体中的突变是自发的、随机的、稀少的一种实验方法。

【实验材料】

1. 样本 大肠埃希菌T4噬菌体敏感菌株、T4噬菌体。

2. 试剂与器材 营养琼脂平板、灭菌试管、恒温培养箱等。

【实验方法】

1. 取对大肠埃希菌T4噬菌体敏感菌株悬液（10^3/ml）分别装入甲、乙两只灭菌试管内，每管10ml。

2. 甲管中的菌液再分装入50支灭菌小试管中，每管0.2ml，置37℃培养24～36h，把各小试管的菌液分别倒在涂有噬菌体的营养琼脂平板上，培养18～24h后，计数各平板上出现的抗噬菌体的菌落。

3. 乙管中的菌液不分装，置37℃培养24～36h后，将其分成50份，加到同样涂有噬菌体的营养琼脂平板上，培养后分别对各平板上出现的抗性菌落进行计数。

【实验结果】

比较甲管与乙管菌落生长情况，来自甲管的50个平板中，各平板间菌落数相差甚大；乙管的菌落数则基本相同。这表明大肠埃希菌对噬菌体的抗性来自基因突变，这种突变发生在大肠埃希菌接触相应的噬菌体之前，细胞在分裂过程中自发地、随机地产生突变。来自甲管的许多平板上不出现抗性菌落，是由于在接触噬菌体前没有发生过突变；在有的平板上可能出现几百个菌落，那是由于突变发生得较早，同时也说明某一性状的突变与环境因素不相对应。该实验亦用于证明抗药性突变的出现与接触药物无关。

（王　涛）

第八节　细菌生长的测定

测定细菌细胞数量的方法有显微镜直接计数法、平板菌落计数法和比浊法等，其中平板菌落计数法可对有活力的细菌细胞进行计数，显微镜直接计数法和比浊法则测定的是总菌数，包括活菌数和死菌数。

实验20　显微镜直接计数法

显微镜直接计数法简称显微计数法，是将少量待测菌液加到特制的载玻片上，在显微镜下直接观察、计数的一种方法,是对细菌和真菌进行计数的常用方法之一。对于细胞个体较大的酵母菌或霉菌孢子常采用血细胞计数器进行计数,而对于细菌等细胞个体较小的则采用细菌计数器进行计数。两种计数器的原理和部件相同,只是血细胞计数器较厚,不能使用油镜;而细菌计数器较薄,可以使用油镜观察。

该实验以常用的血细胞计数器为例介绍显微计数法的原理及具体操作方法。血细胞计数器是一块特制的载玻片,如图1-8所示,由4条沟槽将平台分成3个小平台,中间的平台比两边的平台低0.1mm,且被一横槽分为两半,每一半的平台上各刻有一个方格网,每个方格网有9个大方格,中间的大方格即为计数室。计数室有两种规格(图1-9):一种为大方格内的中方格数是25个,每个中方格内有16个小方格;另一种是大方格内的中方格数是16个,每个中方格内有25个小方格。无论是哪种规格的计数器,每一个大方格中的小方格都是400个。每一个大方格边长为1mm、面积为1mm²,盖上盖玻片后,盖玻片与载玻片之间的高度为0.1mm,所以计数室的容积为0.1mm³(1×10⁻⁴ml)。

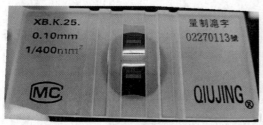

A. 血细胞计数器正面

B. 血细胞计数器侧面

图1-8　血细胞计数器

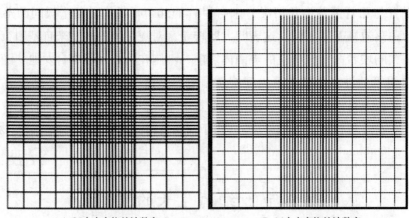

A. 25个中方格的计数室　　　　　　　B. 16个中方格的计数室

图1-9　计数室

计数时,通常数5个中方格的总菌数,除以5即为一个中方格的平均值,再乘上25或16,即为一个大方格中的总菌数,再通过公式计算得到1ml菌液中的总菌数。设5个中方格中的总菌数为A,菌液稀释倍数为B,如果是25个中方格的计数器,则1ml菌液总菌数=A/5×25×10⁴×B个;如果是16个中方格的计数器,则1ml菌液总菌数=A/5×16×10⁴×B个。

显微计数法的优点是操作简单、直接、便于观察。缺点是不能区分死菌和活菌，均一起计数。如果只需要计数活菌，可以用锥虫蓝进行染色后再进行计数。活菌细胞能够阻止染料进入细胞内，不被染色；而死细胞由于细胞膜通透性增加，可被锥虫蓝染成蓝色。

【实验材料】

1. 样本　酿酒酵母。

2. 试剂与器材　无菌生理盐水、血细胞计数器、盖玻片、无菌毛细滴管、显微镜、酒精棉球等。

【实验方法】

1. 准备血细胞计数器　在加样前，先对血细胞计数器的计数室进行镜检。如有污物先用水清洗后再用酒精棉球擦拭，晾干后才能加样计数。盖玻片也需要清洁。

2. 稀释菌液　用无菌生理盐水将酿酒酵母进行适当稀释，制备成菌悬液。

3. 加样　将清洁干燥的血细胞计数器盖上盖玻片，再用无菌毛细滴管将混匀的酿酒酵母菌悬液由盖玻片边缘滴一小滴，让菌液沿缝隙靠毛细渗透作用自行进入计数室，用小镊子轻压盖玻片，使其紧贴计数器。

4. 计数　加样后静置5min待细胞自然沉降，然后将计数器置于显微镜载物台上，先用低倍镜找到计数室位置，再换成高倍镜进行计数。由于细胞是透明的，需要适当调低显微镜光线以降低视野亮度，以便于观察及计数。

一般样品稀释度以每小格内有5～10个菌体为宜。如果菌液太浓或太稀，需要重新调节稀释度后再计数。每个计数室选5个中格（可选4个角和中央的中格）进行计数。位于格线上的菌体一般只数上方和右边线上的。计数一个样品要取两个计数室，求其平均值，如两室计数相差较大，则需要重新混匀菌液再行计数。

5. 清洗血细胞计数器　使用完毕后，取下盖玻片。将计数器用水冲洗干净，切勿用硬物洗刷，冲洗后自然晾干或用吹风机吹干。镜检，观察每一小格内是否有残留菌体或其他污物。如有污物则必须重复洗涤至干净为止。晾干后放入盒内备用。

【实验结果】

将结果记录于表1-2中。

表1-2　显微计数结果

计数室	中方格内菌数（个）					中方格数	稀释倍数	菌数（ml）	平均值
	1	2	3	4	5				
第1室									
第2室									

【注意事项】

1. 取样时要先混匀菌液。加样时，量不应过多，不能产生气泡。

2. 血细胞计数器使用后，必须冲洗干净，但切勿用硬物洗刷或抹擦，以免损坏网格刻度。洗净后自然晾干或用吹风机吹干，不可烘烤。

（贺　娟）

实验21　平板菌落计数法

平板菌落计数法是将待测样品稀释后，将不同浓度的稀释液接种到平板上，经过培养，计数菌落数目。因为菌落是由单个菌细胞生长繁殖形成的肉眼可见的细菌集团，即一个菌落代表原样品中的一个细菌细胞。统计菌落数目，根据其稀释倍数和加样量即可计算出样品中的含菌数。但是，由于待测样品往往不易完全分散成单个细胞，所以，平板上形成的一个菌落也可能来自样品中的多个细胞。因此，平板菌落计数的结果常比实际含菌数偏低。通常使用菌落形成单位（colony forming unit，cfu）而不以绝对菌落数来表示样品的活菌含量。

平板菌落计数法的优点是能测出样品中的活菌数，所以被广泛用于生物制品及食品、饮料和水等含菌指数或污染程度的检测。缺点是操作相对烦琐，且结果需要经过培养一段时间才能取得。

【实验材料】

1. 样本　大肠埃希菌。

2. 培养基　营养琼脂培养基。

3. 试剂与器材　无菌生理盐水、无菌吸管、无菌培养皿、无菌试管、无菌玻璃涂布棒、恒温培养箱等。

【实验方法】

1. 稀释菌液　取6支无菌试管用记号笔分别标记10^{-1}、10^{-2}、10^{-3}、10^{-4}、10^{-5}、10^{-6}。取9个无菌培养皿分别标记为10^{-4}、10^{-5}、10^{-6}各3个。分别用无菌吸管取无菌生理盐水加入6支已做好标记的试管中，每管加入9ml。取1ml大肠埃希菌液加入10^{-1}试管中，用无菌吸管吹吸3次充分混匀后从中取1ml加入10^{-2}试管中，吹吸3次充分混匀后从中取1ml加入10^{-3}试管中，以此类推，经稀释后得到10^{-1}、10^{-2}、10^{-3}、10^{-4}、10^{-5}、10^{-6}菌液。

2. 取样　用3支无菌吸管分别取10^{-4}、10^{-5}和10^{-6}的稀释菌液加入对应编号的无菌培养皿中，每个培养皿0.2ml。

3. 倾注培养基平板　用无菌吸管取熔化后冷却至45℃左右的培养基加入对应编号的无菌培养皿中，每个培养皿15ml。迅速沿着水平方向旋动培养皿，使培养基与菌液混合均匀，而又不使培养基荡出培养皿或溅到培养皿盖上。待培养基凝固后，将平板倒置于37℃恒温培养箱中培养。

除上述倾注平板的方法，还可以用涂布平板的方法进行：先将培养基熔化后倾注平板，凝固后分别标记为10^{-4}、10^{-5}、10^{-6}各3个。随后放入37℃恒温培养箱30min，使培养基表面充分干燥。用3支无菌吸管分别取10^{-4}、10^{-5}和10^{-6}的稀释菌液0.1ml加入对应编号的培养基上，尽快用无菌玻璃涂布棒将菌液在平板上均匀涂布开，平放于实验台上30min，待菌液渗入培养基之后，将平板倒置于37℃恒温培养箱中培养。

4. 计数 培养48h后，取出培养平板，计算同一稀释度3个平板上的菌落平均数，并按下列公式进行计算：每毫升中菌落形成单位（cfu）=同一稀释度平均菌落数×稀释倍数×5。

在实际工作中同一稀释度重复对照平板不能少于3个，以减少误差。一般选择每个平板上长有 30～300 个菌落的稀释度计算每毫升的含菌量比较合适，同一稀释度的3个重复对照的菌落数不能相差1倍或以上。3个稀释度计算出的每毫升菌液中菌落形成单位数也不应相差太大，一般3个连续稀释度中的第二个稀释度的菌液经倾注平板培养后，所得的平均菌落数以50个为宜，否则需要适当提高或降低稀释倍数。

【实验结果】

将培养后菌落计数结果记录于表1-3中。

表1-3 各浓度菌落计数表

稀释度	菌落数/平板				每毫升中的 细菌数（cfu）
	1	2	3	平均	
10^{-4}					
10^{-5}					
10^{-6}					

【注意事项】

1. 细菌易吸附到玻璃器皿表面，所以菌液加入无菌培养皿后，应尽快倒入熔化并已冷却至45℃左右的培养基，立即摇匀，否则细菌将不易分散或长成的菌落连在一起，从而影响计数。

2. 计数时可用笔在无菌培养皿底面点涂菌落，并采用计数器，从而避免漏数或重复计数。

（贺 娟）

实验22 细菌的生长曲线的测定

将一定量的细菌接种于适宜的新鲜液体培养基中，在适宜的条件下进行培养，定时取样检查活菌数。然后以生长时间为横坐标，培养物中的活菌数为纵坐标，绘制得到的曲线称为该菌的生长曲线，它反映了细菌的群体生长规律。一般将细菌的生长曲线分为迟缓期、对数期、稳定期和衰亡期4个时期。不同菌种的生长曲线不一样，同一菌种不同培养条件下生长曲线也不一样。因此，通过测定在一定条件下培养的细菌的生长曲线，可了解不同细菌的生长规律，对于科研和生产都有重要的指导意义。

可根据需要和实验室条件选用测定细菌数量的方法，本实验采用比浊法进行测定。在一定范围内，菌细胞的浓度与光密度（OD值）成正比，可以通过分光光度计测定光密度来推知菌液的浓度，将所测的OD值与其对应的培养时间作图，即可绘出该菌在一定条件下的生长曲线。也可采用光电比色计测定OD值，将细菌接种于一支试管内的液体培养基中，定时连续测定OD值。

【实验材料】

1. 样本 大肠埃希菌。

2. 培养基 营养肉汤液体培养基。

3. 试剂与器材 722分光光度计、恒温摇床、无菌吸管、无菌大试管、锥形瓶等。

【实验方法】

1. 接种细菌 取8支无菌大试管，用记号笔分别标明培养时间，即0h、2h、4h、8h、12h、16h、20h和24h。用5ml无菌吸管吸取5ml大肠埃希菌培养液（培养18～24h）转入盛有100ml营养肉汤液体培养基的锥形瓶内，混匀后分别取5ml混合液加入已做好标记的8支无菌大试管中。

2. 培养 将已接种的无菌大试管置摇床37℃振荡培养（振荡频率为250r/min），分别培养0h、2h、4h、8h、12h、16h、20h和24h，在相应时间将标有相应标记的大试管取出，立即放冰箱中备用，待测。

3. 比浊法测定 以未接种的营养肉汤液体培养基作空白对照，选用600nm波长进行比浊测定。测定OD值前，将待测的培养液振荡摇匀。将取出的培养液按照培养时间依次测定，浓度大的培养液用营养肉汤液体培养基适当稀释后再行测定，使其OD值为0.1～0.65。经稀释后测得的OD值要乘以稀释倍数，才是培养液实际的OD值。

【实验结果】

1. 将测得的OD_{600}记录于表1-4中。

表1-4　OD值测定结果记录表

培养时间（h）	对照	0	2	4	8	12	16	20	24
光密度值（OD_{600}）									

2. 绘制细菌生长曲线，以培养时间为横坐标，以OD_{600}值为纵坐标，绘制大肠埃希菌的生长曲线。

【注意事项】

若样品颜色过深或样品中还含有其他物质，则不能用比浊法测定细菌数量。

（贺　娟）

第九节 细菌体外药物敏感性检测

体外药物敏感性检测即药物敏感实验（drug susceptibility test，DST），是在体外检测药物对病原体有无抑制或杀灭作用的实验，可以了解病原微生物对抗生素的敏感程度，以指导临床合理选用抗生素，对于感染性疾病的治疗具有重要的指导意义。所测试的抗菌药物的种类是根据各类细菌对抗菌药的敏感性规律及临床可能选用的药物确定的，同类药物通常只选择1～2个代表品种。临床常用的药敏实验包括纸片扩散法、稀释法等。

实验23 需氧和兼性厌氧菌的体外抗菌药物敏感实验

一、纸片扩散法

纸片扩散法是将含有定量抗菌药物的滤纸片贴在已接种了测试菌的琼脂表面上，通过细菌生长情况来判断药物对微生物的最低抑菌浓度（minimal inhibitory concentration，MIC）。

【实验材料】

1. 样本 待测菌株。

2. 培养基 水解酪蛋白琼脂（mueller hinton agar，MHA）培养基。

3. 试剂与器材 市售抗菌药物纸片、营养琼脂平板、0.5麦氏比浊管、无菌生理盐水、平皿、无菌棉签、无菌镊子、恒温培养箱等。

4. 质控菌株

【实验方法】

1. 配制MHA培养基，灭菌后待冷却到50℃左右，无菌操作下取约20ml培养基倾注入灭菌的直径90mm的平皿中，水平放置待凝固。

2. 将待测菌株划线接种于营养琼脂平板，置于37℃恒温培养箱培养18～24h后从平板上挑取数个菌落，均匀混合在2～3ml无菌生理盐水中，将菌液浓度调整成0.5麦氏单位标准，相当于1×10^8cfu/ml。

3. 用无菌棉签蘸取0.5麦氏单位的菌液，在管壁上稍加挤压之后，于MHA平板表面均匀涂布接种，使菌液均匀分布于培养基表面，然后盖上皿盖，在室温下放置5～10min待琼脂表面的水分吸收。

4. 用无菌镊子夹取药物纸片平贴于MHA平板表面，轻压以确保纸片贴在平板表面上。每个平板可贴4～6种药物纸片。纸片放置要均匀，各纸片中心距离≥24mm，纸片距平板边缘的距离应≥15mm。纸片一旦接触琼脂表面，就不能再移动。

5. 贴好药物纸片的平板应于室温下放置5～10min，然后翻转平板，置于37℃恒温培养箱培养18～24h之后观察结果。

6. 将质控菌株以同样方法，在相同条件下测定对同种抗菌药物的敏感性，作为质控对照，并设培养基空白对照、待测菌生长对照。

【实验结果】

将平板置于黑背景的明亮处，用游标卡尺从背面精确测量包括纸片直径在内的抑菌环直径，测得结果以毫米为单位进行记录，参照美国临床和实验室标准化研究所（Clinical and Laboratory Standard Institute，CLSI）的标准结合质控菌株的抑菌环进行结果判断。

【注意事项】

1. 用无菌棉签将菌液接种至MHA表面时要使菌液均匀分布。

2. 药物纸片一旦接触琼脂表面，就不能再有移动。

二、稀　释　法

稀释法是在肉汤或琼脂中将抗菌药物进行一系列（对倍）稀释后，定量接种待检菌，一定温度一定孵育时间后观察。肉眼观察待检菌未生长的最低药物浓度，即为该药物对待检菌的最低抑菌浓度。

（一）试管稀释法

【实验材料】

1. 样本　待测菌株。

2. 培养基　水解酪蛋白液体（mueller hinton broth，MHB）培养基、营养琼脂平板、血琼脂平板。

3. 试剂与器材　市售抗菌药物粉剂、0.5麦氏比浊管、无菌生理盐水、1ml无菌吸管、无菌试管、恒温培养箱等。

4. 质控菌株

【实验方法】

1. 选择适宜的溶剂溶解抗菌药物并将其稀释至一定浓度（通常为1000U或1000μg/ml），药液经滤过除菌后，置-20℃条件下保存备用。

2. 将待测菌株划线接种于营养琼脂平板，置于37℃恒温培养箱培养18～24h，挑取4～5个菌落，并将其接种于5ml MHB培养基中置于37℃恒温培养箱培养4～6h，与0.5麦氏比浊管比浊，校正菌液浓度至0.5麦氏标准之后，再用MHB按1∶100稀释，并在15min内接种。

3. 取10支无菌试管排列于试管架上，第一管加入MHB培养基1.9ml，其余各管均加入1ml MHB培养基。

4. 吸取抗菌药物原液（1000U/ml）0.1ml加入第一管内，用无菌吸管吹吸混匀后吸取1ml加入第二管，做倍比稀释直至最后一管，并从最后一管吸出1ml弃去；各管的药物浓度依次为50U/ml、25U/ml、12.5U/ml、6.25U/ml、3.2U/ml、1.6U/ml、0.8U/ml、

0.4U/ml、0.2U/ml、0.1U/ml；并设培养基空白对照、待测菌生长对照和质控菌株平行实验对照管。

5. 分别将1ml菌液加入上述各实验管和对照管中，轻轻振摇混匀后置37℃恒温培养箱培养18～24h，观察结果。

【实验结果】

1. 观察各对照组实验结果是否在正常范围内。

2. 将实验组无菌试管逐一对光观察，以无肉眼可见细菌生长现象的药物最低浓度判为该药对待测菌的最低抑菌浓度。

3. 无菌操作下，从无肉眼可见细菌生长现象的实验组试管中各取0.01ml划线接种于血琼脂平板上，经37℃恒温培养箱培养18～24h后观察，以平板上无肉眼可见细菌生长现象的最低药物浓度判为最低杀菌浓度（minimum bactericidal concentration，MBC）。

【注意事项】

吸取菌液时要将菌液吹打均匀，保证每个试管中接入的菌量一致。

（二）琼脂稀释法

【实验材料】

1. 样本　待测菌株。

2. 培养基　MHB培养基（pH 7.2～7.4）、MHA培养基、营养琼脂平板。

3. 试剂与器材　市售抗菌药物粉剂、0.5麦氏比浊管、无菌生理盐水、1ml无菌吸管、无菌平皿（90mm）、恒温培养箱等。

4. 质控菌株

【实验方法】

1. 选择适宜的溶剂溶解抗菌药物并将其稀释至一定浓度（通常为1280U或1280μg/ml），药液经滤过除菌后，置–20℃保存备用。

2. 将待测菌株划线接种于营养琼脂平板，置于37℃恒温培养箱培养18～24h，挑取4～5个菌落，并将其接种于5ml MHB培养基中置于37℃恒温培养箱培养4～6h，与0.5麦氏比浊管比浊，校正菌液浓度至0.5麦氏单位。

3. 将抗菌药物原液进行系列稀释。

4. 无菌操作下分别吸取各稀释药液2ml加入无菌平皿内，再分别吸取冷却至50℃左右的MHA培养基18ml倾注于各平皿内并混匀，平板含药的最终浓度为原稀释药液的1/10。

5. 取已校正浓度的待检菌液点种于含药平板表面，置37℃恒温培养箱培养，待菌液干燥后翻转平板，培养18～24h，观察结果。

6. 以质控菌株做平行实验，以无菌生理盐水代替药物设置对照。

【实验结果】

以不出现肉眼可见生长现象的平板上的最低药物浓度判为该药物对待检菌株的最低抑菌浓度。

（王　涛　张峥嵘）

实验24　厌氧菌的体外抗菌药物敏感实验
一、液体培养基稀释法

【实验材料】

1. 样本　待测菌株。

2. 培养基　布氏肉汤培养基、硫乙醇酸盐流体培养基。

3. 试剂与器材　市售抗菌药物纯粉、0.5麦氏比浊管、1ml无菌吸管、无菌试管、厌氧操作箱。

4. 质控菌株

【实验方法】

1. 取待测菌株的菌落数个，移种到硫乙醇酸盐流体培养基中，在厌氧环境进行增菌培养，使菌液浓度达$1\times(10^6\sim10^7)$cfu/ml，取菌液稀释10倍使其终浓度达$1\times(10^5\sim10^6)$cfu/ml备用。

2. 排列10支无菌试管于试管架上，每管加入布氏肉汤培养基1ml，然后在第1管中加入1ml浓度为128μg/ml的青霉素或头孢霉素或32μg/ml的其他种类抗菌药物，混匀后，进行倍比稀释至第9管，并从第9管弃去1ml液体，第10管为无药的对照管。

3. 在每管中加入1ml已校正浓度的菌液，混匀，置35℃厌氧环境中培养，18～24h后观察结果（无药对照管生长不良时应延长孵育时间至48h）。整个药敏实验操作均应在厌氧操作箱内进行。

4. 以同样方法以质控菌株作为对照，与待测菌株做平行实验。

【实验结果】

以能抑制细菌生长的最低药物浓度者判为其最低抑制浓度。

二、琼脂稀释法

【实验材料】

1. 样本　待测菌株。

2. 培养基　Wilkins-Chalgren琼脂培养基。

3. 试剂与器材　市售抗菌药物纯粉、0.5麦氏比浊管、1ml无菌吸管、无菌试管、厌氧操作箱。

4. 质控菌株

【实验方法】

1. 含药琼脂的制备及接种物的准备均与需氧菌药敏实验的琼脂稀释法相同。

2. 厌氧操作箱中，将已校正浓度的待测菌株点种在含药Wilkins-Chalgren琼脂培养基表面，置37℃厌氧环境中孵育48h，观察结果。

3. 以同样方法用质控菌株与待测菌株做平行实验，以生理盐水代替药物设置对照。

【实验结果】

以含药平板上无细菌生长的最低药物浓度判为待检菌的最低抑制浓度。

（王 涛 张峥嵘）

实验25 E-test

抗生素浓度梯度法实验（epsilometer test，E-test）是一项结合了稀释法和扩散法原理对细菌、真菌进行抗生素最低抑制浓度直接定量检测的药敏实验技术。该方法所使用的试纸条一面固定有预先制备的浓度呈连续指数增长的抗生素，另一面标有最低抑制浓度判读刻度。将试纸条放在接种有待测菌株的平板上，纸条上的药物立即释放入培养基并建立起一个抗菌药物的连续指数浓度梯度。孵育后可见纸条周围形成一椭圆形抑菌环，抑菌环与试纸条交界处的刻度即为该药物对待测菌的最低抑制浓度值。

【实验材料】

1. 样本 待测菌株。

2. 培养基 MHA培养基营养琼脂平板。

3. 试剂与器材 市售E-test试纸条、0.5麦氏比浊管、无菌平皿、无菌生理盐水、无菌棉签、无菌试管、镊子、恒温培养箱等。

4. 质控菌株

【实验方法】

1. 配制MHA培养基，灭菌后待冷却到50℃左右，无菌操作下取约20ml培养基倾注入灭菌的直径为90mm的无菌平皿中，水平放置待凝固。

2. 将待测菌株划线接种于营养琼脂平板，置于37℃恒温培养箱培养18～24h后从平板上挑取数个菌落，研磨接种法将菌落均匀混合在2～3ml的无菌生理盐水中，将菌液浓度调整成0.5麦氏单位，相当于$1×10^8$cfu/ml。

3. 用无菌棉签蘸取已调试的菌液，在管壁上稍加挤压之后，于MHA培养基平板表面均匀涂布接种，使菌液均匀分布于培养基表面，然后盖上平板，在室温下放置5～10min待琼脂表面的水分吸收。

4. 用灭菌的镊子夹取E-test试纸条平贴于MHA培养基平板表面。

5. 置于37℃恒温培养箱培养18～24h后观察结果。

6. 以质控菌株做平行实验。

【实验结果】

试纸条周围可产生椭圆形抑菌环，抑菌环与试纸条交界点的刻度值即为抗菌药物对受试菌的最低抑制浓度。如果试纸条两边产生不同的交界点，较高数值为其最低抑制浓度。

（王　涛　张峥嵘）

第十节　常见病原性细菌的形态、培养与鉴定

实验26　葡萄球菌属

葡萄球菌属细菌广泛分布于自然界空气、土壤、物品表面、人和动物的体表及与外界相通的腔道中。大多数对人不致病或是构成机体的正常菌群，少数为病原性葡萄球菌，可引起人类化脓性感染或毒素性疾病。

一、葡萄球菌的形态及染色性观察

【实验材料】

1. 样本　金黄色葡萄球菌于营养琼脂斜面培养18～24h的培养物。

2. 试剂与器材　革兰氏染色液、无菌生理盐水、接种环、载玻片、酒精灯、显微镜等。

【实验方法】

取1张载玻片，用接种环取适量金黄色葡萄球菌的培养物进行细菌涂片制作、革兰氏染色后镜检。

【实验结果】

金黄色葡萄球菌被染为紫色、球形、多呈葡萄串状排列，见彩图1-2。

二、葡萄球菌的培养特性观察

【实验材料】

1. 菌种　金黄色葡萄球菌和表皮葡萄球菌于营养琼脂斜面培养18～24h的培养物。

2. 培养基　营养琼脂平板、血琼脂平板。

3. 器材　接种环、酒精灯、记号笔等。

【实验方法】

1. 取营养琼脂平板和血琼脂平板各2个，分别标记金黄色葡萄球菌、表皮葡萄球菌字样。

2. 用接种环分别取金黄色葡萄球菌、表皮葡萄球菌琼脂斜面培养物，划线接种于相应标记的营养琼脂平板和血琼脂平板上。

3. 将各培养基平板置于恒温培养箱内37℃培养24～48h后，观察细菌的生长现象。

【实验结果】

1. 金黄色葡萄球菌和表皮葡萄球菌在营养琼脂平板上均能良好生长，形成圆形、隆起、表面光滑、湿润、边缘整齐、不透明、直径约2mm的菌落。金黄色葡萄球菌菌落呈金黄色，表皮葡萄球菌菌落呈白色。

2. 金黄色葡萄球菌在血琼脂平板上生长可见到菌落周围有一圈透明的溶血环，见彩图26-1，表皮葡萄球菌菌落周围没有出现溶血环，见彩图26-2。

三、病原性葡萄球菌的鉴定

自然界中大部分葡萄球菌是不引起疾病的腐物寄生菌及属于人体正常菌群的表皮葡萄球菌。引起人类疾病的病原性葡萄球菌主要是金黄色葡萄球菌。金黄色葡萄球菌的鉴定主要依据：①产生金黄色色素；②有溶血性；③血浆凝固酶实验阳性；④能分解甘露醇产酸；⑤耐热核酸酶实验阳性。此外，还可通过血清学（琼脂扩散实验）或动物实验检测致病性葡萄球菌产生的肠毒素。

（一）形态与培养特性的观察

参照本章节实验26内容一、二进行实验并观察结果。病原性葡萄球菌通常产生金黄色色素（彩图26-3），在血琼脂平板上生长形成的菌落周围可见完全透明的溶血环。

（二）血浆凝固酶实验

血浆凝固酶是能使含有肝素或柠檬酸钠的人或兔血浆发生凝固的酶类物质。血浆凝固酶分为两种：结合凝固酶和游离凝固酶。结合凝固酶结合于菌细胞表面，是血浆纤维蛋白原的受体，可用玻片法检测；游离凝固酶是分泌至菌细胞外的蛋白质，可被人或兔血浆中的协同因子激活，称为凝血酶样物质，能使纤维蛋白原变成纤维蛋白，从而导致血浆凝固，可用试管法检测。

【实验材料】

1.样本 金黄色葡萄球菌和表皮葡萄球菌于营养琼脂斜面培养18～24h的培养物。

2.试剂与器材 新鲜抗凝兔血浆、无菌生理盐水、载玻片、水浴箱、无菌试管、无菌吸管、接种环、记号笔等。

【实验方法】

1.玻片法（检测结合凝固酶）

（1）用记号笔将一张载玻片划分为3个区域，分别标记A格、B格、C格。

（2）用接种环无菌操作各取两环无菌生理盐水加入载玻片的3个区域内。

（3）用接种环取适量表皮葡萄球菌培养物至A格无菌生理盐水中，然后将其研磨成均匀的悬液；用接种环分别取适量金黄色葡萄球菌培养物至B格和C格无菌生理盐水中，然后将其研磨成均匀的悬液。

（4）用接种环分别取抗凝兔血浆于A格和C格中，混匀并观察结果。

2. 试管法（检测游离凝固酶）

（1）取2支无菌试管，用记号分别笔标记金黄色葡萄球菌、表皮葡萄球菌字样。

（2）用无菌吸管分别取0.5ml新鲜抗凝兔血浆（用无菌生理盐水进行1：4稀释）至2支无菌试管中。

（3）用接种环分别取表皮葡萄球菌培养物和金黄色葡萄球菌培养物研磨接种至相应标记的无菌试管中。

（4）将2支无菌试管置于37℃水浴箱内，每30min观察1次，观察4h。

【实验结果】

1. 玻片法 A格可见表皮葡萄球菌培养物混合抗凝兔血浆后呈均匀的混悬液，判断为血浆凝固酶实验阴性；B格可见金黄色葡萄球菌培养物混合在无菌生理盐水中呈均匀的混悬液，判断为血浆凝固酶实验阴性；C格可见金黄色葡萄球菌培养物混合抗凝兔血浆后形成颗粒样凝集，判断为血浆凝固酶实验阳性。

2. 试管法 表皮葡萄球菌培养物试管内未见血浆凝固，血浆凝固酶实验阴性；金黄色葡萄球菌培养物试管内血浆凝固呈胶冻状，血浆凝固酶实验阳性，见彩图26-4。

【注意事项】

1. 玻片法 应在细菌与血浆混合后10s内观察结果，延长观察时间，可能出现假阳性结果。此外，待检菌不能取自高盐培养基（如高盐甘露醇琼脂），以避免发生假阳性结果。

2. 试管法 观察血浆凝固情况时，出现絮状或纤维状沉淀不是真正的血浆凝固，应判为阴性结果。少数细菌需要4h以上才能发生凝集，故推荐可将细菌培养过夜后观察结果。

（三）甘露醇发酵实验

【实验材料】

1. 样本 金黄色葡萄球菌和表皮葡萄球菌于营养琼脂斜面培养18～24h的培养物。

2. 培养基 甘露醇发酵培养基。

3. 器材 接种环、恒温培养箱、记号笔等。

【实验方法】

1. 取2支甘露醇发酵培养基，用记号笔分别标记金黄色葡萄球菌、表皮葡萄球菌字样。

2. 用接种环分别取金黄色葡萄球菌、表皮葡萄球菌的琼脂斜面培养物，并接种于甘露醇发酵培养基内。

3. 将2支甘露醇发酵培养基置于恒温培养箱内35℃培养18～24h，观察结果。

【实验结果】

金黄色葡萄球菌甘露醇发酵培养基呈黄色，实验阳性。表皮葡萄球菌甘露醇发酵培养基呈紫色，实验阴性。

（四）耐热核酸酶实验

耐热核酸酶能分解DNA，使DNA长链水解成由几个单核苷酸组成的寡核苷酸链。水解后的DNA短链能与甲苯胺蓝结合，使甲苯胺蓝核苷酸琼脂显示粉红色。非致病性葡萄球菌虽然也能产生DNA酶，但不耐热。故耐热核酸酶实验是鉴别葡萄球菌有无致病性的重要指标之一。

【实验材料】

1. 样本 表皮葡萄球菌和金黄色葡萄球菌于营养肉汤内培养18～24h的培养物。

2. 培养基 甲苯胺蓝核酸琼脂、无菌营养肉汤。

3. 器材 恒温培养箱、无菌载玻片、打孔器、无菌吸管、无菌湿盒、记号笔等。

【实验方法】

1. 取3ml熔化的甲苯胺蓝核酸琼脂均匀涂在载玻片上，待琼脂凝固后打3个直径2～5mm的小孔，分别用记号笔标记1、2、3孔。

2. 分别用沸水浴处理无菌营养肉汤、表皮葡萄球菌和金黄色葡萄球菌营养肉汤培养物上清液3min。

3. 分别用无菌吸管取0.1ml经沸水浴处理的无菌营养肉汤、表皮葡萄球菌和金黄色葡萄球菌营养肉汤培养物上清液加满孔1、孔2和孔3。

4. 将载玻片置湿盒中37℃恒温培养箱孵育3h，观察结果。

【实验结果】

孔1（营养肉汤对照）和孔2（表皮葡萄球菌）：孔外均未见粉红色圈，为耐热核酸酶实验阴性；孔3（金黄色葡萄球菌）：孔外见粉红色圈形成，为耐热核酸酶实验阳性。

（五）血清学实验（琼脂扩散实验）

金黄色葡萄球菌产生的肠毒素与肠毒素抗血清在琼脂板上相遇结合后可形成白色沉淀线。

【实验材料】

1. 样本 表皮葡萄球菌和金黄色葡萄球菌于营养肉汤内培养18～24h的培养物。

2. 培养基 10g/L盐水琼脂、无菌营养肉汤。

3. 试剂与器材 葡萄球菌肠毒素抗血清、葡萄球菌肠毒素标准品、打孔器、恒温培养箱、无菌载玻片、无菌湿盒、无菌吸管、记号笔等。

【实验方法】

1. 将3ml熔化的盐水琼脂倾注在无菌载玻片上，待琼脂凝固后在载玻片中央打1个直径2～5mm的小孔，在孔的四周打4个小孔，分别用记号笔标记1、2、3、4孔。

2. 分别用沸水浴处理无菌营养肉汤、表皮葡萄球菌和金黄色葡萄球菌营养肉汤培养物上清液3min。

3. 用无菌吸管吸取葡萄球菌肠毒素抗血清并加满中央的小孔，分别取经沸水浴处理后的无菌营养肉汤、表皮葡萄球菌和金黄色葡萄球菌营养肉汤培养物上清液加满孔1、孔2和孔3，取葡萄球菌肠毒素标准品加满孔4。

4. 将载玻片放入湿盒中35℃恒温培养箱孵育24h，观察结果。

【实验结果】

孔1（营养肉汤对照）和孔2（表皮葡萄球菌）与中央孔之间均未见白色沉淀线，此为葡萄球菌肠毒素体外实验阴性结果；孔3（金黄色葡萄球菌）和孔4（葡萄球菌肠毒素标准品）与中央孔之间均见白色沉淀线形成，此为葡萄球菌肠毒素体外实验阳性结果。

（六）动物实验（检测葡萄球菌肠毒素）

金黄色葡萄球菌产生的肠毒素是一种耐热性较强的蛋白质，通常经100℃处理30min不被破坏，将其注入动物体内可引起食物中毒症状。

【实验材料】

1. 样本 金黄色葡萄球菌和表皮葡萄球菌于营养肉汤内培养18～24h的培养物。

2. 实验动物 6～8周龄幼猫（2只）。

3. 试剂与器材 75%乙醇、2.5%碘酒、无菌滤菌器、无菌注射器等。

【实验方法】

1. 分别用沸水浴处理金黄色葡萄球菌和表皮葡萄球菌营养肉汤培养物上清液30min，用无菌滤菌器滤过上清液。

2. 用标牌将2只幼猫分别标记为实验组和对照组，实验组幼猫腹部用2.5%碘酒和75%乙醇消毒皮肤后，腹腔注射金黄色葡萄球菌滤过液2ml，对照组幼猫腹腔注射表皮葡萄球菌滤过液2ml。

3. 常规饲养幼猫，15min～24h观察幼猫情况。

【实验结果】

注射滤过液15min～24h，实验组幼猫发生呕吐、腹泻、体温升高、畏寒、体颤或死亡情况，此为葡萄球菌肠毒素体内实验阳性；对照组幼猫未出现异常情况，此为葡萄球菌肠毒素体内实验阴性。

（綦廷娜）

实验27 链球菌属

链球菌属的细菌是一群革兰氏阳性链状排列的球菌，根据溶血性可分为甲、乙、丙型；根据需氧性可分为专性需氧链球菌、兼性厌氧链球菌、专性厌氧链球菌；根据多糖抗原（C抗原）特异性可分为20个群，其中A群链球菌是最常见病原性链球菌。

一、链球菌的形态及染色性观察

【实验材料】

1. 样本 甲型溶血性链球菌、乙型溶血性链球菌肉汤培养基培养18～24h的培养物。

2. 试剂与器材 革兰氏染色液、无菌生理盐水、接种环、载玻片等。

【实验方法】

取1张载玻片，用接种环分别取适量甲型溶血性链球菌、乙型溶血性链球菌培养物进行细菌涂片制作，革兰氏染色后镜检。

【实验结果】

甲型溶血性链球菌、乙型溶血性链球菌均被染为紫色、球形、呈链状排列，见彩图27-1。

二、链球菌的培养特性观察

【实验材料】

1. 样本 甲型溶血性链球菌、乙型溶血性链球菌、丙型链球菌、肺炎链球菌于血清肉汤培养基培养18～24h的培养物。

2. 培养基 血琼脂平板。

3. 器材 CO_2培养箱、接种环、酒精灯、记号笔等。

【实验方法】

1. 用记号笔在4个血琼脂平板上分别标记甲型溶血性链球菌、乙型溶血性链球菌、丙型链球菌、肺炎链球菌字样。

2. 观察并用接种环分别取甲型溶血性链球菌、乙型溶血性链球菌、丙型链球菌、肺炎链球菌的血清肉汤培养物，划线接种于有相应标记的血琼脂平板上。

3. 将各培养基置于CO_2培养箱内37℃培养24h后，观察细菌的生长现象。

【实验结果】

1. 链球菌在血琼脂平板上生长后出现灰白色、圆形凸起、表面光滑、边缘整齐、直径0.5～0.7mm细小菌落，菌落周围可出现不同的溶血情况：甲型溶血性链球菌菌落周围出现草绿色溶血环（α-溶血或不完全溶血）；乙型溶血性链球菌菌落周围出现透明溶血环（β-溶血或完全溶血）；丙型链球菌菌落周围无溶血环，见彩图27-2。

2. 肺炎链球菌在血琼脂平板上出现的菌落与甲型溶血性链球菌相似。

三、病原性链球菌的鉴定及其感染的血清学诊断

自然界中大部分链球菌是不引起疾病的腐生物寄生菌及属于人体正常菌群的甲型溶血性链球菌。引起人类疾病的病原性链球菌主要是A群链球菌，并且在血琼脂平板上多呈现乙型溶血。通常可通过观察链球菌在血琼脂平板上的溶血性、生化反应、动物实验等方法进行致病性链球菌的鉴定。

（一）培养特性的观察

参照本实验内容一、二进行实验并观察结果。A群链球菌通常在血琼脂平板上形成乙型溶血（β-溶血）现象，甲型溶血性链球菌和肺炎链球菌在血琼脂平板上均可形成甲型溶血（α-溶血）现象。

（二）生化反应、药敏实验和动物实验

【实验材料】

1. 样本 甲型溶血性链球菌、乙型溶血性链球菌、丙型链球菌、肺炎链球菌于血清肉汤及血琼脂平板培养18～24h的培养物。

2. 培养基 血琼脂平板、菊糖发酵培养基。

3. 实验动物 小鼠。

4. 试剂与器材 杆菌肽纸片（0.04U/片），Optochin纸片（5μg/片），100g/L去氧胆酸钠，无菌生理盐水，疑似风湿热患者血清（1∶200稀释，经56℃水浴30min灭活），致活链球菌溶血素O（streptolysin O，SLO），1%兔红细胞悬液，PBS（pH6.5），恒温培养箱、CO_2恒温培养箱、水浴箱、无菌棉签、接种环，无菌吸管，无菌试管，无菌注射器，酒精灯，记号笔等。

杆菌肽敏感实验

A群链球菌对杆菌肽几乎100%敏感，而其他链球菌对杆菌肽通常耐药。故本实验可鉴别A群链球菌与其他链球菌。

【实验方法】

1）取两个血琼脂平板，分别标记甲型溶血性链球菌、乙型溶血性链球菌字样。

2）用无菌棉签分别蘸取甲型溶血性链球菌和乙型溶血性链球菌血清肉汤培养物，均匀涂布于相应标记的血琼脂平板上。

3）取杆菌肽纸片分别贴于两个接种有不同细菌的血琼脂平板上。

4）将血琼脂平板置35℃ CO_2恒温培养箱孵育18～24h后观察结果。

【实验结果】

乙型溶血性链球菌在杆菌肽纸片周围出现明显抑菌环，其直径≥10mm，此为杆菌肽敏感实验阳性；甲型溶血性链球菌在杆菌肽纸片周围出现的抑菌环直径<10mm，此为杆菌肽敏感实验阴性（对杆菌肽耐受）。

Optochin敏感实验

Optochin（乙基氢化羟基奎宁）能干扰肺炎链球菌叶酸的合成而抑制该菌生长。故肺炎链球菌对Optochin敏感，而其他链球菌对其耐药。

【实验方法】

1）取两个血琼脂平板，分别标记甲型溶血性链球菌、肺炎链球菌字样。

2）用无菌棉签分别蘸取甲型溶血性链球菌和肺炎链球菌血清肉汤培养物，均匀涂布于相应标记的血琼脂平板上。

3）取Optochin纸片分别贴于两个接种有不同细菌的血琼脂平板上。

4）将血琼脂平板置35℃ CO_2恒温培养箱孵育18～24h后观察结果。

【实验结果】

在接种肺炎链球菌的血琼脂平板上，Optochin纸片周围出现明显抑菌环，直径≥14mm，此为Optochin敏感实验阳性；在接种甲型溶血性链球菌的血琼脂平板上，Optochin纸片周围出现的抑菌环直径<14mm，为Optochin敏感实验阴性。

胆汁溶菌实验

胆汁或胆盐能活化肺炎链球菌的自溶酶，促进细菌细胞膜破损或菌体裂解自溶。故本实验可用于鉴别肺炎链球菌与甲型溶血性链球菌。

【实验方法】（试管法）

1）取2支无菌试管，分别标记甲型溶血性链球菌、肺炎链球菌字样。

2）用无菌吸管分别吸取1ml甲型溶血性链球菌、肺炎链球菌血清肉汤培养物至相应标记的试管中。

3）分别在2支试管中加入0.1ml 100g/L的去氧胆酸钠，摇匀后置37℃水浴中，30min后观察结果。

【实验结果】

肺炎链球菌营养肉汤培养物与去氧胆酸钠溶液反应后由混浊变澄清，此为胆汁溶菌实验阳性；甲型溶血性链球菌与去氧胆酸钠溶液反应后仍混浊，此为胆汁溶菌实验阴性。

菊糖发酵实验

肺炎链球菌能发酵菊糖产酸，导致培养基pH降低，使溴甲酚紫由紫色变为黄色。甲型溶血性链球菌不能发酵菊糖产酸，溴甲酚紫仍为紫色。故本实验可用于鉴别肺炎链球菌与甲型溶血性链球菌。

【实验方法】

1）取2支菊糖发酵培养基，分别标记甲型溶血性链球菌、肺炎链球菌字样。

2）用接种环分别挑取甲型溶血性链球菌和肺炎链球菌血琼脂平板上单个菌落接种至相应标记的试管中。

3）将试管置于CO_2恒温培养箱中35℃孵育18～24h后观察结果。

【实验结果】

肺炎链球菌菊糖发酵培养基由紫色变为黄色，此为菊糖发酵实验阳性；甲型溶血性链球菌菊糖发酵培养基仍为紫色，此为菊糖发酵实验阴性。

小鼠毒力实验

小鼠对肺炎链球菌高度易感，少量具有毒力的肺炎链球菌即可引起小鼠感染致死亡。甲型溶血性链球菌感染的小鼠一般不死亡。

【实验方法】

1）分别将肺炎链球菌和甲型溶血性链球菌血清肉汤培养物配制成1×10^9cfu/ml菌悬液。

2）将2只小鼠分别标记为实验组和对照组，实验组小鼠局部皮肤消毒后，腹腔注射肺炎链球菌0.5ml，同样方法给对照组小鼠腹腔注射甲型溶血性链球菌0.5ml。

3）常规饲养小鼠1～2天，观察结果。

【实验结果】

注射肺炎链球菌实验组小鼠1～2天死亡，此为小鼠毒力实验阳性；注射甲型溶血性链球菌对照组小鼠未出现异常情况，此为小鼠毒力实验阴性。

马尿酸钠水解实验

本实验主要用于B群链球菌鉴定。请参考第一章第四节实验11内容四。

抗链球菌溶素O实验（antistreptolysin O test，ASO test）

抗链球菌溶素O实验简称抗O实验。A群链球菌产生的SLO是一种含—SH基的蛋白质毒素，能溶解红细胞，不耐热，易被氧化而失去溶血能力；加入还原剂则可使其恢复溶血能力。同时其抗原性很强，人受A群链球菌感染后2～3周，85%～90%的感染人群血清中可出现SLO抗体，这种抗体能中和SLO，使之失去溶血能力。本实验原理为毒素与抗毒素中和实验。

【实验方法】

1）取6支无菌试管，用记号笔按表1-5所示方法分别做好标记。

2）用无菌吸管分别取PBS、1∶200稀释的患者血清、致活SLO、1%兔红细胞悬液，按表1-5所示方法分别加于各试管内，摇动试管使内容物充分混匀。

3）将各试管置于37℃水浴箱内，15min后取出观察结果。

表1-5　抗O实验的标记与材料

试剂与方法	编号 1	2	3	4	5	6
PBS（ml）	0	0.5	0.5	0.5	0.5	0.75
1∶200稀释患者血清（ml）	0.5	0.5	0.5	0.5	0	0
血清稀释度	1∶200	1∶400	1∶800	1∶1600	弃0.5	0
致活SLO（ml）	0.25	0.25	0.25	0.25	0.25	0
混匀，37℃水浴15min						
1%兔红细胞悬液（ml）	0.25	0.25	0.25	0.25	0.25	0.25
总体积（ml）	1.0	1.0	1.0	1.0	1.0	1.0
混匀，37℃水浴15min						

【实验结果】

对光观察各试管内溶血现象及其程度，以完全不溶血的血清最高稀释度为该血清的ASO效价，疑似风湿热患者血清中ASO效价大多在1∶250左右，ASO效价≥1∶400有助于辅助诊断活动性风湿热。若取出的试管不易观察是否发生了溶血情况，可将其进行1500r/min离心3min后再观察。

（慕廷娜）

实验28　奈瑟菌属

奈瑟菌属（Neisseria）细菌是一群革兰氏阴性双球菌，淋病奈瑟菌与脑膜炎奈瑟菌是常见的人类病原菌。

一、奈瑟菌的形态及染色性观察

【实验材料】

1. 样本　疑似脑膜炎患者的脑脊液、疑似淋病患者的泌尿道脓性分泌物标本。
2. 试剂与器材　革兰氏染色液、接种环、载玻片、酒精灯等。

【实验方法】

取1张洁净载玻片，用接种环取疑似淋病患者的泌尿道脓性分泌物标本或疑似脑膜炎患者的脑脊液离心沉渣，进行涂片和革兰氏染色后镜检。

【实验结果】

中性粒细胞的胞质内或细胞旁，可见成双排列的肾形或圆球形革兰氏阴性球菌，见彩图28-1。

二、奈瑟菌的培养特性观察

【实验材料】

1. 样本　疑似急性淋病患者的泌尿道脓性分泌物或疑似脑膜炎患者脑脊液标本。

2. 培养基　Thayer-Martin培养基或巧克力色血琼脂平板。

3. 器材　接种环、CO_2恒温培养箱。

【实验方法】

1. 取疑似急性淋病患者的泌尿道脓性分泌物或疑似脑膜炎患者脑脊液的离心沉渣。

2. 分区划线法接种于预温至37℃的巧克力色血琼脂平板上，立即置于含5%CO_2的恒温培养箱内。

3. 在37℃条件下培养24～48h后，观察奈瑟菌的生长现象。

【实验结果】

淋病奈瑟菌与脑膜炎奈瑟菌的菌落呈圆形、凸起、湿润、表面光滑、灰白色、半透明，直径为0.5～1.0mm。

三、病原性奈瑟菌的鉴定

淋病奈瑟菌与脑膜炎奈瑟菌的生化反应结果不同，可通过生化反应对二者进行鉴别。

【实验材料】

1. 样本　淋病奈瑟菌、脑膜炎奈瑟菌的纯培养物。

2. 培养基　糖发酵培养基（分别含葡萄糖、麦芽糖、蔗糖）。

3. 试剂与器材　3%H_2O_2溶液、氧化酶试剂（10g/L盐酸二甲苯对苯二胺试剂）、接种针、接种环、毛细滴管、CO_2恒温培养箱。

【实验方法】

1. 糖发酵实验　将淋病奈瑟菌、脑膜炎奈瑟菌分别接种于葡萄糖、麦芽糖和蔗糖发酵培养基中，置CO_2恒温培养箱内37℃培养18～24h后观察结果。培养基由紫色变为黄色为阳性，仍为紫色则为阴性。

2. 触酶实验　用接种环分别挑取淋病奈瑟菌、脑膜炎奈瑟菌纯培养物置于洁净载玻片上，滴加3% H_2O_2溶液1～2滴，立即观察结果。若产生大量气泡，则为触酶实验阳性；反之则为阴性。

3. 氧化酶实验　用毛细滴管吸取氧化酶试剂，将试剂直接滴于菌落上，菌落10～15s变为红色并保持红色30s以上者，为氧化酶实验阳性；不变色则为阴性。

【实验结果】

淋病奈瑟菌与脑膜炎奈瑟菌的生化反应结果见表1-6。

表1-6　两种奈瑟菌生化反应鉴别简表

生化反应	葡萄糖	麦芽糖	蔗糖	触酶	氧化酶
淋病奈瑟菌	+	−	−	+	+
脑膜炎奈瑟菌	+	+	−	+*	+

*大多菌株阳性反应。

（蔡廷娜）

实验29　埃希菌属

　　埃希菌属（*Escherichia*）有6个种，其中大肠埃希菌是临床最常见的菌种。大肠埃希菌寄居在人和动物肠道内，正常情况下属于肠道的正常菌群，如侵入肠道外组织器官，可成为机会致病菌，引起肠道外感染。某些血清型的大肠埃希菌是致病菌，可引起胃肠炎。对于肠道外感染，除血液标本以外，均需要涂片染色检查。分离培养的大肠埃希菌初步鉴定根据IMViC实验（吲哚、甲基红、V-P、柠檬酸盐实验），最后鉴定根据一系列生化反应。若为尿路感染，则需要计数细菌数。若考虑为大肠埃希菌的某些血清型引起的肠道内感染，则需要采用ELISA、PCR、核酸杂交等方法检测其肠毒素、毒力因子及确定其血清型。

　　在环境卫生和食品卫生学中，大肠埃希菌常被用作粪便污染的卫生学检测指标。本实验以大肠埃希菌为例，学习埃希菌属的形态、培养特性及鉴定。

一、埃希菌的形态与培养特性

【实验材料】

1. 样本　大肠埃希菌于营养琼脂斜面培养18～24h的培养物。

2. 培养基　营养琼脂平板、沙门-志贺（Salmonella-Shigella，SS）琼脂平板。

3. 试剂与器材　革兰氏染色液、载玻片、接种环、恒温培养箱等。

【实验方法】

　　1. 用接种环以无菌操作刮取大肠埃希菌营养琼脂斜面培养物少许，进行涂片和革兰氏染色，镜下观察其形态及染色性。

　　2. 用接种环以无菌操作取大肠埃希菌营养琼脂斜面培养物，以划线分离法分别接种于营养琼脂平板、SS琼脂平板，置恒温培养箱内37℃培养18～24h，观察结果。

【实验结果】

　　1. 观察并记录镜下大肠埃希菌的染色、形态、排列方式。

　　2. 观察并记录大肠埃希菌在营养琼脂平板、SS琼脂平板上的菌落特征，将结果记录于表1-7中。

表1-7   大肠埃希菌在不同培养基上的菌落特征

培养基	菌落特征
营养琼脂平板	
SS琼脂平板	

二、大肠埃希菌的鉴定

生化反应

【实验材料】

1. 样本   大肠埃希菌于营养琼脂斜面培养18～24h的培养物。

2. 培养基   糖发酵培养基（分别含葡萄糖、乳糖、麦芽糖、甘露醇、蔗糖）、双糖铁琼脂培养基、葡萄糖蛋白胨水培养基、蛋白胨水培养基、柠檬酸盐培养基。

3. 试剂与器材   甲基红试剂、V-P试剂、吲哚试剂、恒温培养箱等。

【实验方法】

1. 无菌操作取大肠埃希菌的斜面培养物分别接种于糖发酵培养基和双糖铁琼脂培养基，置恒温培养箱内37℃培养18～24h，观察结果。

2. IMViC实验，无菌操作取大肠埃希菌的斜面培养物分别接种于蛋白胨水培养基和葡萄糖蛋白胨水培养基进行吲哚实验、甲基红实验、V-P实验，同时取培养物接种于柠檬酸盐培养基进行柠檬酸盐利用实验（参见第一章第四节实验9～11）。

【实验结果】

将上述生化反应结果记录于表1-8中。

表1-8   大肠埃希菌生化实验结果

菌种名称	糖发酵实验					吲哚实验	甲基红实验	V-P实验	柠檬酸盐	双糖铁琼脂培养基			
	葡萄糖	乳糖	麦芽糖	甘露醇	蔗糖					上层	下层	产生H_2S	动力
大肠埃希菌													

（贺　娟　陈峥宏）

实验30　志贺菌属

志贺菌属（*Shigella*）是引起细菌性痢疾的病原菌，为革兰氏阴性杆菌，无鞭毛、有菌毛，除宋内志贺菌个别菌株迟缓发酵乳糖外，均不发酵乳糖。根据其生化反应及抗原性不同可分为四群：A群（痢疾志贺菌）、B群（福氏志贺菌）、C群（鲍氏志贺菌）和D群（宋内志贺菌）。

一、形态与培养特性

【实验材料】

1. 样本　痢疾志贺菌于营养琼脂斜面培养18～24h的培养物。

2. 培养基　营养琼脂平板、中国蓝琼脂平板、SS琼脂平板及伊红-亚甲蓝（eosin-methylene blue，EMB）琼脂平板。

3. 试剂与器材　革兰氏染色液、载玻片、接种环、恒温培养箱等。

【实验方法】

1. 无菌操作法用接种环刮取痢疾志贺菌营养琼脂斜面培养物少许，制作涂片，进行革兰氏染色，镜下观察其形态、染色性。

2. 取痢疾志贺菌营养琼脂斜面培养物，以划线分离法分别将其接种于营养琼脂平板、中国蓝琼脂平板、SS琼脂平板及EMB琼脂平板，置恒温培养箱内37℃培养18～24h，观察结果。

【实验结果】

痢疾志贺菌为分散排列、革兰氏阴性小杆菌；在营养琼脂平板上形成直径约2mm、圆形凸起、半透明的光滑型菌落；在中国蓝琼脂平板、SS琼脂平板及EMB琼脂平板上形成圆形、湿润、边缘整齐、中等大小的无色半透明菌落。除宋内志贺菌易形成粗糙型菌落外，其余均为光滑型菌落。

二、生 化 反 应

【实验材料】

1. 样本　痢疾志贺菌、福氏志贺菌、宋内志贺菌、鲍氏志贺菌的营养琼脂斜面18～24h培养物。

2. 培养基　微量生化反应管（分别含乳糖、甘露醇、棉子糖、甘油和鸟氨酸），柠檬酸盐培养基，双糖铁琼脂培养基，蛋白胨水培养基、β-半乳糖苷酶培养基。

3. 试剂与器材　吲哚试剂、接种针、恒温培养箱等。

【实验方法】

1. 将各菌种18～24h斜面培养物分别接种于乳糖、甘露醇、棉子糖、甘油和鸟氨酸微量生化反应管、柠檬酸盐培养基及双糖铁琼脂培养基，置恒温培养箱内37℃培养18～24h，观察结果。

2. 将各菌种18～24h斜面培养物分别接种于蛋白胨水培养基进行吲哚实验（参见第一章第四节）。

3. 将各菌种斜面培养物分别接种于β-半乳糖苷酶培养基，置恒温培养箱内37℃培养18～24h，进行β-半乳糖苷酶实验。

【实验结果】

志贺菌属生化反应结果见表1-9。

表1-9　志贺菌属生化反应结果

反应物		菌种			
		痢疾志贺菌	福氏志贺菌	鲍氏志贺菌	宋内志贺菌
双糖铁	上层（乳糖）	−	−	−	−
	下层（葡萄糖）	+	+*	+*	+
	动力	−	−	−	−
	H₂S	−	−	−	−
甘露醇		−	+	−	+
乳糖		−	−	−	+ᴸ
棉子糖		−	D	−	+ᴸ
甘油		+ᴸ	−	+ᴸ	d
鸟氨酸（脱羧酶）		−	−	−	+
吲哚		D&	D&	D&	−
柠檬酸盐		−	−	−	−
β-半乳糖苷酶		d			（+）

注：+ᴸ，缓慢阳性反应（超过24h）；d，26%～75%菌株阳性；D，在不同分类单位中呈不同反应。

&：痢疾志贺菌血清Ⅰ型、福氏志贺菌血清6型和宋内志贺菌从不产生吲哚，而痢疾志贺菌血清2型的菌株常常产生吲哚；*：福氏志贺菌血清6型、鲍氏志贺菌血清13、14型产气。（+）：76%～89%的菌株为阳性。

（陈峥宏　张峥嵘）

实验31　沙门菌属

沙门菌属（*Salmonella*）是一大群生化反应、抗原构造相似的革兰氏阴性杆菌，对人致病的主要有伤寒沙门菌（*Salmonella typhi*）、甲型副伤寒沙门菌（*Salmonella para-typhi* A）、乙型副伤寒沙门菌（*Salmonella para-typhi* B）、丙型副伤寒沙门菌（*Salmonella para-typhi* C）、肠炎沙门菌（*Salmonella enteritidis*）、鼠伤寒沙门菌（*Salmonella typhimurium*）、猪霍乱沙门菌（*Salmonella chole-raesuis*）等，可引起人类肠热症、食物中毒和败血症，主要依据生化反应和血清学方法进行沙门菌的分类鉴定，肠热症的血清学诊断采用肥达实验，属于试管凝集实验（见实验13）。

一、沙门菌的形态、培养和生化反应

【实验材料】

1. 样本　伤寒沙门菌和甲型副伤寒沙门菌琼脂斜面培养物。

2. 培养基　营养琼脂平板、麦康凯琼脂培养基、SS琼脂平板、沙门菌增菌肉汤、蛋白胨水培养基、双糖铁琼脂培养基、葡萄糖蛋白胨水培养基、柠檬酸盐琼脂培养基、尿素培养基。

3. 微量生化鉴定管 葡萄糖、乳糖、卫矛醇、甘露醇、阿拉伯糖、微量生化鉴定管。

4. 试剂与器材 革兰氏染色液、鞭毛染色液、甲基红试剂、吲哚试剂、V-P试剂、载玻片、接种环、酒精灯、恒温培养箱等。

【实验方法】

1. 取伤寒沙门菌和甲型副伤寒沙门菌琼脂斜面培养物分别经革兰氏染色和鞭毛染色（参见第1章）后于显微镜油镜下观察。

2. 无菌操作将伤寒沙门菌、甲型副伤寒沙门菌斜面培养物分别接种于营养琼脂平板、麦康凯琼脂培养基、SS琼脂平板、双糖铁琼脂培养基、柠檬酸盐琼脂培养基、尿素培养基以及各微量生化鉴定管，置37℃培养箱中培养18~24h，观察结果。

3. 将伤寒沙门菌、甲型副伤寒沙门菌斜面培养物，分别接种于蛋白胨水培养基、葡萄糖蛋白胨水培养基，置37℃培养箱中培养24h，分别进行吲哚实验、甲基红实验和V-P实验（参见第一章）。

【实验结果】

1. 沙门菌为革兰氏阴性杆菌，有周鞭毛。在营养琼脂平板上形成圆形、光滑、湿润、无色半透明的边缘整齐的菌落；在麦康凯琼脂培养基上形成无色透明或半透明的菌落；部分菌株在SS琼脂平板上形成中心黑色的菌落，见彩图31-1。

2. 伤寒沙门菌和甲型副伤寒沙门菌主要生化反应结果见表1-10。

表1-10 伤寒沙门菌和甲型副伤寒沙门菌主要生化反应结果

菌种名称	糖发酵实验					吲哚实验	甲基红实验	V-P实验	柠檬酸盐实验	H_2S（双糖铁）	脲酶实验
	葡萄糖	乳糖	卫矛醇	甘露醇	阿拉伯糖						
伤寒沙门菌	+	–	–	+	–	–	+	–	–	+	–
甲型副伤寒沙门菌	⊕	–	+	+	+	–	+	–	–	–	–

注：+，阳性反应；⊕，产酸产气；–，阴性反应。

二、沙门菌的血清型分型

【实验材料】

1. 样本 伤寒沙门菌和甲型副伤寒沙门菌琼脂斜面培养物。

2. 试剂与器材 沙门菌A~F多价O血清、单价O因子血清、第一相（特异相）H因子血清和第二相（非特异相）H因子血清、载玻片、接种环、酒精灯等。

【实验方法】

玻片凝集实验：用接种环分别取1~2环各诊断血清于洁净载玻片上，取少量被检菌苔与血清混匀，轻微摇动载玻片，肉眼观察，1min内呈明显凝集者为阳性，呈均匀混浊者为阴性，实验以生理盐水代替血清作为对照，对照应为均匀混浊。首先用A~F多价O

血清初步鉴定，再用单价O因子血清鉴定到群（A、B、C、D、E或F），然后用第一相H因子血清定型，最后以第二相H因子血清辅助定型。

【实验结果】

伤寒沙门菌和甲型副伤寒沙门菌均与多价O血清发生凝集；伤寒沙门菌与O_9因子血清及H1d血清凝集，甲型副伤寒沙门菌与O_2因子血清及H1a和H2（1，5）凝集。

【注意事项】

若细菌生化反应符合沙门菌，而A～F多价O血清与细菌不产生凝集现象，需要考虑是否有表面抗原（Vi）存在，若存在应加热或传代去除Vi抗原后再进行A～F多价O血清凝集实验。

（陈峥宏）

实验32　厌氧芽孢杆菌

厌氧芽孢杆菌是一群厌氧、革兰氏染色阳性、产生芽孢的大杆菌，不同细菌的芽孢形态与位置不同，有助于鉴定细菌。病原性厌氧芽孢杆菌能产生强烈外毒素，引起严重疾病。

一、形态与培养特性的观察

【实验材料】

1. 样本　破伤风梭菌、产气荚膜梭菌的疱肉培养基培养物。

2. 培养基　疱肉培养基、血琼脂平板。

3. 试剂与器材　无菌毛细吸管、革兰氏染色液、厌氧罐、厌氧产气袋、恒温培养箱等。

【实验方法】

1. 用无菌毛细吸管在疱肉培养基的底部吸取少量破伤风梭菌培养物，分别接种于另一支无菌的疱肉培养基和血琼脂平板。疱肉培养基覆盖上液体石蜡，盖上胶塞后，置于恒温培养箱中37℃培养48～72h；划线接种于血琼脂平板后，置于厌氧罐内，放入厌氧产气袋后密封厌氧罐，然后置于恒温培养箱中37℃培养48～72h。

2. 用无菌毛细吸管在疱肉培养基的底部吸取少量产气荚膜梭菌培养物，分别接种于另一支无菌的疱肉培养基和血琼脂平板。疱肉培养基覆盖上液体石蜡，盖上胶塞后，置于恒温培养箱中37℃培养18～24h；划线接种于血琼脂平板后，置于厌氧罐内，放入厌氧产气袋后密封厌氧罐，然后置于恒温培养箱中37℃培养18～24h。

3. 无菌操作取破伤风梭菌及产气荚膜梭菌血琼脂平板培养物进行革兰氏染色，观察细菌的形态及染色性。

【实验结果】

1. 破伤风梭菌在庖肉培养基内，肉汤混浊，肉渣部分消化，微变黑，伴腐败性恶臭；血琼脂平板可见较大（直径2～4mm）、扁平、边缘不整齐的羽绒样菌落及溶血现象，见彩图32-1。

2. 产气荚膜梭菌在庖肉培养基内，肉渣不消化，呈粉红色，产生气体；血琼脂平板上可见较大（直径2～4mm）、圆形、边缘整齐的菌落，有双层溶血环（内层完全溶血，外层不完全溶血）现象。

3. 革兰氏染色可见，破伤风梭菌为革兰氏阳性细长杆菌，芽孢圆形、比菌体粗、位于菌体顶端，呈鼓槌状；产气荚膜梭菌为革兰氏阳性大杆菌，两端钝圆，芽孢椭圆形，直径略小于菌体，位于次级端。

二、产气荚膜梭菌的鉴定

【实验材料】

1. 样本　产气荚膜梭菌庖肉培养基培养物。

2. 培养基　石蕊牛乳培养基、卵黄琼脂培养基。

3. 试剂与器材　无菌毛细吸管、厌氧罐、厌氧产气袋、接种环、恒温培养箱等。

【实验方法】

1. 用无菌毛细吸管在庖肉培养基的底部吸取少量产气荚膜梭菌培养物，接种于石蕊牛乳培养基底部，于培养基表面加入一层已熔化且冷却至50～60℃的无菌凡士林（约5mm厚），置于恒温培养箱中37℃培养5～15h，观察结果。

2. 用无菌毛细吸管在庖肉培养基的底部吸取少量产气荚膜梭菌培养物并置于卵黄琼脂培养基表面，用灭菌接种环划线接种于卵黄琼脂培养基上，将平板置于厌氧罐，放入厌氧产气袋后密封厌氧罐，再置于恒温培养箱中37℃厌氧培养18～24h，观察结果。

【实验结果】

1. 产气荚膜梭菌具有显著的发酵糖的能力。在石蕊牛乳培养基中，可迅速分解乳糖产酸，使酪蛋白凝固，并产生大量气体将凝固的酪蛋白冲散，此种强烈发酵现象称汹涌发酵，往往在培养6h即可出现，此为该菌特点之一。

2. 产气荚膜梭菌能产生卵磷脂酶，在卵黄琼脂培养基上可分解卵黄中的卵磷脂，使菌落周围出现乳白色混浊带。

（王　菲）

实验33　无芽孢厌氧菌

无芽孢厌氧菌大多属于人体的正常菌群，可引起条件致病性的内源性感染。无芽孢厌氧菌种类繁多，包括革兰氏阳性厌氧球菌、革兰氏阳性厌氧杆菌、革兰氏阴性厌氧球菌和革兰氏阴性厌氧杆菌。

一、形态与培养特性

【实验材料】

1. 样本 脆弱类杆菌的拟杆菌-胆汁-七叶苷（bacteroides bile esculin，BBE）培养基培养物、韦荣球菌（*Veillonella*）的大豆酪蛋白琼脂（tryptose soya agar，TSA）培养基培养物。

2. 培养基 牛心脑浸液血琼脂平板。

3. 试剂与器材 接种环、酒精灯、革兰氏染色液、厌氧罐与厌氧试剂或厌氧培养箱、恒温培养箱等。

【实验方法】

1. 从脆弱类杆菌及韦荣球菌培养物中挑取菌落进行革兰氏染色，于显微镜下观察细菌的形态。

2. 从脆弱类杆菌及韦荣球菌培养物中挑取菌落分别划线接种于牛心脑浸液血琼脂平板上，置于厌氧培养箱内37℃条件下培养24～48h，观察生长现象与特点。

【实验结果】

1. 形态染色观察 脆弱类杆菌为革兰氏阴性杆菌，具有多形性，长短不一或呈丝状；韦荣球菌为革兰氏阴性球菌，圆形或卵圆形，多成双、成链状排列，少数散在不规则排列。

2. 培养特性与菌落观察 脆弱类杆菌菌落圆形微凸，半透明、灰白色、表面光滑湿润、边缘整齐，多数不溶血，少数菌株微溶血；韦荣球菌可形成圆形、凸起、不溶血、灰白色或灰绿色的小菌落。

二、无芽孢厌氧菌的分离与鉴定

【实验材料】

1. 样本 新鲜采集的疑似无芽孢厌氧菌感染的标本。

2. 培养基 牛心脑浸液血琼脂平板，糖发酵培养基，BBE培养基，TSA培养基，卡那-万古霉素冻溶血（kanamycin-vancomycin laked blood，KVLB）琼脂培养基等选择培养基。

3. 试剂与器材 接种环、酒精灯、革兰氏染色液、厌氧罐与厌氧试剂或厌氧培养箱、恒温培养箱等。

【实验方法】

1. 革兰氏染色镜检 标本直接涂片革兰氏染色镜检，观察细菌的形态特征、染色性及菌量多少。

2. 分离培养　取标本划线接种于牛心脑浸液血琼脂平板，37℃厌氧培养48h后，观察培养基上菌落生长情况，挑取培养基上的不同菌落接种于相应选择培养基，每种菌落各接种2块平板，分别在有氧和无氧条件下37℃培养48h。有氧培养不生长，而无氧培养生长的细菌为专性厌氧菌，继续挑取菌落在厌氧条件下进行增菌培养。

3. 生化反应　将增菌培养48h的纯培养物分别接种葡萄糖、乳糖、蛋白胨水发酵培养基等进行生化实验，同时再次革兰氏染色，进行鉴定。

4. 快速鉴定方法　采用全自动微生物鉴定系统，也可以用核酸杂交或16S rRNA序列分析等分子生物学方法进行快速、特异性诊断。

【实验结果】

无芽孢厌氧菌种类繁多，包括革兰氏阳性厌氧球菌如黑色消化球菌，厌氧消化链球菌，革兰氏阳性厌氧杆菌如丙酸杆菌，革兰氏阴性厌氧球菌如韦荣球菌和革兰氏阴性厌氧杆菌如脆弱拟杆菌。每种菌有其特征的生长、培养特性及生化反应结果，具体结果可以参考《临床微生物检验标准化操作程序》及《全国临床检验操作规程》。

【注意事项】

1. 标本的采集必须注意避免污染正常菌群，采集的标本立即放入厌氧标本收集瓶中，立即送检。

2. 应使用新鲜配制或经过预还原处理的培养基。

3. 无芽孢厌氧菌引起的感染常为混合感染，应根据检查结果综合判断。

4. 在厌氧操作台进行样本接种，接种后置于厌氧培养箱或者厌氧罐内培养。

5. 牛心脑浸液血琼脂平板、BBE培养基、TSA培养基、KVLB培养基均可以在试剂公司购买到成品。

（王　菲）

实验34　幽门螺杆菌

螺杆菌属（*Helicobacter*）是1989年划分出来的一个新的菌属，该菌属的代表菌种为幽门螺杆菌（*Helicobacter pylori*）。幽门螺杆菌是1983年澳大利亚Barry Marshall从患者胃黏膜活检组织中分离培养出的一种新的病原菌，与慢性胃炎、胃十二指肠溃疡、胃癌及胃黏膜相关B细胞淋巴瘤的发生密切相关。

一、幽门螺杆菌形态与培养特性

【实验材料】

1. 样本　幽门螺杆菌培养物。

2. 培养基　含7%脱纤维绵羊血的哥伦比亚血琼脂平板。

3. 器材与试剂　接种环、厌氧罐、微需氧产气袋、革兰氏染色液、生理盐水、恒温培养箱等。

【实验方法】

1. 取幽门螺杆菌菌株划线接种至含7%脱纤维绵羊血的哥伦比亚血琼脂平板上，将平板置于厌氧罐内，放入微需氧产气袋后密封厌氧罐，于37℃微需氧条件下（5%O$_2$、10%CO$_2$、85%N$_2$）培养3～5天。

2. 挑取培养基上的菌落进行革兰氏染色，在显微镜下进行观察。

【实验结果】

1. 经过培养，幽门螺杆菌在含7%脱纤维绵羊血的哥伦比亚血琼脂平板上呈现出圆形、扁平、湿润、无色、半透明、针尖状的小菌落。

2. 幽门螺杆菌革兰氏染色呈阴性，细菌呈"S"形、弧形或海鸥形，散在或成簇排列。

二、幽门螺杆菌的生化鉴定

【实验材料】

1. 样本 幽门螺杆菌哥伦比亚血琼脂平板培养物。

2. 器材与试剂 接种环、尿素酶试纸、3%H$_2$O$_2$溶液、氧化酶试剂等。

【实验方法】

1. 尿素酶实验 用接种环取少许幽门螺杆菌培养物，置于尿素酶试纸上，观察试纸颜色变化。

2. 触酶（过氧化氢酶）实验 用接种环挑取幽门螺杆菌培养物置于清洁玻片上，滴加3%H$_2$O$_2$溶液1～2滴，立即观察结果。

3. 氧化酶实验 取白色洁净滤纸蘸取菌落，滴加氧化酶试剂，或用毛细吸管吸取氧化酶试剂，直接将试剂滴于菌落上，观察菌落颜色变化。

【实验结果】

尿素酶试纸由黄色变为红色为尿素酶实验阳性，否则为尿素酶实验阴性；滴加3%H$_2$O$_2$溶液后，若产生大量气泡则为触酶实验阳性，反之为触酶实验阴性；滴加氧化酶试剂，菌落短时间内变为红色为氧化酶实验阳性，不变色则为氧化酶实验阴性。幽门螺杆菌的尿素酶实验、触酶实验和氧化酶实验均为阳性。

三、幽门螺杆菌感染的微生物学检查程序

【实验材料】

1. 样本 感染患者的胃黏膜活检标本。

2. 培养基 幽门螺杆菌选择性哥伦比亚琼脂平板（含7%脱纤维绵羊血、5mg/L多黏菌素B、10mg/L两性霉素和10mg/L万古霉素。

3. 器材与试剂　接种环、组织匀浆器、厌氧罐、微需氧产气袋、L形玻璃棒、尿素酶试纸、3%H_2O_2溶液、氧化酶试剂、恒温培养箱等。

【实验方法】

1. 快速尿素酶实验　将活检标本用组织匀浆器破碎后，取少许匀浆液直接置于尿素酶试纸上，观察试纸颜色变化。

2. 幽门螺杆菌的分离培养　将剩余匀浆液接种于幽门螺杆菌选择性哥伦比亚琼脂平板上，用L形玻璃棒将组织均匀涂布，置37℃微需氧环境中培养4天，挑取可疑菌落增菌，获得幽门螺杆菌可疑菌株。

3. 临床分离菌株的鉴定　取可疑细菌进行革兰氏染色镜检、尿素酶实验、氧化酶实验、触酶实验。

【实验结果】

1. 快速尿素酶实验　尿素酶试纸由黄色变为红色为阳性，否则为阴性。

2. 幽门螺杆菌的分离培养与鉴定　革兰氏染色镜检结果及菌落特征与幽门螺杆菌相符，尿素酶、氧化酶、触酶实验阳性，可鉴定为幽门螺杆菌。

【注意事项】

幽门螺杆菌为微需氧菌，暴露于空气中易造成样本中细菌死亡。标本采集后，需要置于样本运送液内低温（干冰或低温冰盒）运送至实验室进行接种。

（王　菲）

实验35　副溶血性弧菌

弧菌属（*Vibrio*）的细菌有36个种，其中霍乱弧菌（*Vibrio cholerae*）和副溶血性弧菌（*Vibrio parahaemolyticus*）同人类感染密切相关。霍乱是一种烈性的消化系统传染病，主要在夏秋季节发生，流行迅速，是国家甲类传染性疾病。霍乱弧菌为高致病性微生物，需要在生物安全三级（biosafety level 3，BSL-3）实验室进行活菌的实验操作，常规实验室不能进行该菌的实验操作。副溶血性弧菌是一种嗜盐性细菌，常存在于近海岸的海水、海底沉积物和鱼类、贝类等海产品中，人因食入含菌的海产品而感染，发生食物中毒。

【实验材料】

1. 样本　呕吐物、可疑食物。

2. 培养基　碱性蛋白胨水培养基、硫代硫酸盐柠檬酸盐胆盐蔗糖（thiosulfate-citrate-bile salts-sucrose，TCBS）琼脂培养基、科玛嘉弧菌显色培养基。

3. 器材与试剂　生理盐水、接种环、革兰氏染色液、氧化酶试剂、糖发酵培养基、恒温培养箱等。

【实验方法】

1. 将标本接种于不同氯化钠含量（0、3%、7%、10%）的碱性蛋白胨水培养基中，35℃增菌培养6～8h，取菌膜或表面生长物划线接种于TCBS琼脂培养基及科玛嘉弧菌显色培养基上，35℃培养18～24h，观察菌落特点，挑取菌落进行革兰氏染色。

2. 取菌落进行葡萄糖、甘露醇、氧化酶实验等生化实验。

3. 临床检验时通常选择生化鉴定试剂盒或全自动微生物生化鉴定系统进行鉴定。

【实验结果】

1. 副溶血性弧菌耐盐，在3%氯化钠和7%氯化钠含量的碱性蛋白胨水培养基中呈表面生长；在TCBS琼脂培养基上生长形成圆形、边缘整齐、湿润、绿色、中心较深的菌落，在科玛嘉弧菌显色培养基生长形成圆形、半透明、粉紫色的菌落。革兰氏染色阴性，呈棒状、弧形、卵圆形等多形态，有鞭毛。

2. 生化反应结果见表1-11。

表1-11　副溶血性弧菌的生化鉴定结果

菌种	生化反应					
	氧化酶	葡萄糖	甘露醇	乳糖	赖氨酸脱羧酶	V-P实验
副溶血性弧菌	+	+	+	−	+	−

注：+，阳性结果；−，阴性结果。

（王　菲）

实验36　蜡样芽孢杆菌

需氧芽孢杆菌属（*Bacillus*）是一群需氧、能形成芽孢的革兰氏阳性大杆菌。该菌属细菌大多不致病，其中的致病菌主要包括①炭疽芽孢杆菌（*Bacillus anthraci*），可引起人畜共患急性传染病——炭疽病，炭疽芽孢杆菌为高致病性微生物，需要在BSL-3生物安全实验室进行活菌的实验操作，常规实验室不能进行该菌的实验操作。②蜡样芽孢杆菌（*Bacillus cereus*），广泛存在于自然界，易污染食品，可引起食物中毒。

一、蜡样芽孢杆菌的形态与培养特性

【实验材料】

1. 样本　蜡样芽孢杆菌的培养物。

2. 培养基　营养琼脂平板、血琼脂平板、营养肉汤培养基、半固体培养基。

3. 试剂与器材　革兰氏染色液、恒温培养箱等。

【实验方法】

1. 取蜡样芽孢杆菌培养物进行革兰氏染色。

2. 将蜡样芽孢杆菌分别接种于营养琼脂平板、血琼脂平板、血清肉汤培养基、半固体培养基中，观察其生长现象。

【实验结果】

1. 蜡样芽孢杆菌革兰氏染色镜检结果　革兰氏阳性大杆菌，正直或微弯，末端稍圆钝，芽孢椭圆形，位于菌体中央或近端，不使菌体膨大。

2. 生长现象

（1）营养琼脂平板：蜡样芽孢杆菌形成圆形、凸起、乳白色、混浊、边缘不整齐的大菌落，呈片状生长，光线下似白蜡状。

（2）血琼脂平板：蜡样芽孢杆菌能形成β-溶血环。

（3）血清肉汤培养基：蜡样芽孢杆菌培养液呈均匀混浊、管底有沉淀物，表面有菌膜。

（4）半固体培养基：蜡样芽孢杆菌扩散生长，有动力。

二、蜡样芽孢杆菌的鉴定

【实验材料】

1. 样本　蜡样芽孢杆菌污染的食物。

2. 培养基　甘露醇卵黄多黏菌素（mannitol egg yolk polymyxin，MYP）培养基。

3. 试剂与器材　玻片、接种环、3%H_2O_2溶液、葡萄糖蛋白胨水培养基、酪蛋白琼脂平板、硝酸盐胨水培养基、恒温培养箱等。

【实验方法】

1. 样本处理稀释后接种于MYP培养基，置37℃培养18～24h，观察菌落特点，挑取菌落进行革兰氏染色。

2. 取菌落进行过氧化氢酶实验、V-P实验、酪蛋白分解实验等生化反应。

【实验结果】

1. 蜡样芽孢杆菌在MYP培养基上菌落呈粉红色，周围有白色或淡粉红色的沉淀环。革兰氏染色阳性，菌体较大，芽孢椭圆形，位于菌体中央或近端，菌体两端较平整，多呈短链或长链状排列。

2. 生化反应结果见表1-12。

表1-12　蜡样芽孢杆菌的生化鉴定结果

菌种	生化反应			
	过氧化氢酶实验	酪蛋白分解实验	硝酸盐还原实验	V-P实验
蜡样芽孢杆菌	+	+	+	−

注：+，阳性结果；−，阴性结果。

（王　菲）

实验37　棒状杆菌属

棒状杆菌属（*Corynebacterium*）包括多种细菌，均为革兰氏阳性细菌，其中白喉棒状杆菌（*Corynebacterium diphtheriae*）为致病菌，其他棒状杆菌多为条件致病菌。溶源性白喉棒状杆菌能产生外毒素，是引起白喉毒血症的主要因素。白喉棒状杆菌有异染颗粒，可对其进行涂片镜检，对临床有初步诊断价值，但是需要和人咽喉部的正常菌群类白喉杆菌相鉴别。

一、白喉棒状杆菌的形态与培养特性

【实验材料】

1. 样本　白喉棒状杆菌吕氏血清斜面24h培养物。

2. 培养基　吕氏血清斜面、亚碲酸钾血琼脂平板、血琼脂平板。

3. 试剂与器材　接种环、酒精灯、革兰氏染色液、Albert染色液、生理盐水等。

【实验方法】

1. 取白喉棒状杆菌菌种涂片，分别进行革兰氏染色及Albert染色，在显微镜的油镜下观察白喉棒状杆菌的形态。

2. 取白喉棒状杆菌分别划线接种于吕氏血清斜面、亚碲酸钾血琼脂平板和血琼脂平板上，置恒温培养箱内37℃培养24h，观察生长现象与特点。

【实验结果】

1. 形态与染色性　白喉棒状杆菌革兰氏染色后，镜下可见革兰氏阳性的细长杆菌，菌体一端或两端膨大呈棒状，排列不规则或呈"V"形或"L"形排列；Albert染色见菌体呈浅蓝或蓝绿色，菌体排列不规则，异染颗粒染色为深蓝色，位于菌体的一端、两端及中央。

2. 培养特性　白喉棒状杆菌吕氏血清斜面培养物可见细小、灰白色、圆形、有光泽的菌落或灰白色、有光泽的菌苔；亚碲酸钾血琼脂平板培养物可见直径约1mm、圆形、光滑、黑色或灰黑色菌落；血琼脂平板培养物可见直径1mm左右、灰白色不透明菌落，部分菌株有狭窄溶血环。

二、白喉棒状杆菌的微生物学鉴定

【实验材料】

1. 样本　疑似白喉患者的咽拭子、白喉棒状杆菌的标准产毒株（溶源性菌株）及非产毒株（非溶源性菌株）吕氏血清斜面24h培养物。

2. 培养基　亚碲酸钾血琼脂平板、吕氏血清斜面、Elek琼脂培养基。

3. 试剂与器材　接种环、酒精灯、革兰氏染色液、Albert染色液、兔血清或猪血清、白喉抗毒素、无菌滤纸条、无菌吸管、镊子等。

【实验方法】

1. 直接镜检　将疑似患者的咽拭子制作细菌涂片，进行革兰氏染色和Albert染色。

2. 分离培养　将咽拭子分别划线接种于亚碲酸钾血琼脂平板上，37℃培养24h，挑取可疑菌落进行Albert染色后，再取培养基上的典型菌落进行吕氏血清斜面纯培养。

3. 毒力实验　Elek琼脂培养基添加20%血清后倾注平板，在未完全凝固前，将浸有白喉抗毒素的滤纸条置于平板中央，待琼脂凝固后，将分离的待检细菌和白喉棒状杆菌的标准产毒株（阳性对照）及非产毒菌株（阴性对照）分别与滤纸条呈垂直方向进行粗划线接种，将平板置于恒温培养箱内37℃培养24～72h后观察结果。

【实验结果】

1. 形态学鉴定　标本涂片中发现革兰氏阳性、细长棒状杆菌，排列不规则；Albert染色见典型异染颗粒，可考虑为白喉棒状杆菌。吕氏血清斜面培养物发现细小、灰白色、圆形、有光泽的菌落；亚碲酸钾血琼脂平板上发现直径约1mm、圆形、光滑、黑色或灰黑色菌落，结合革兰氏染色镜检结果则可初步鉴定。

2. 毒力鉴定　观察生长菌两侧距滤纸条约1cm处的白色沉淀线，有沉淀线为毒力实验阳性，该菌株产生白喉外毒素；无沉淀线为毒力实验阴性，该菌株不产生白喉外毒素（图1-10）。

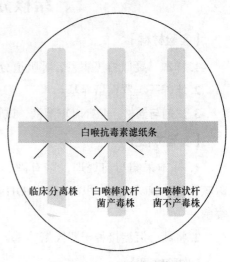

图1-10　Elek平板毒力实验

（王　菲）

实验38　分枝杆菌属

分枝杆菌属（*Mycobacterium*）包括结核分枝杆菌（*Mycobacterium tuberculosis*）、非结核分枝杆菌和麻风杆菌（*Mycobacterium leprae*），其中结核分枝杆菌是常见的呼吸道感染致病性分枝杆菌，也可通过其他途径侵入机体，引起机体多组织器官的结核病。

一、肺结核患者痰标本的抗酸染色镜检

结核分枝杆菌的菌体细长、略弯曲，细胞壁含有大量脂质，革兰氏染色呈阳性，但革兰氏染色不易着色。采用抗酸染色法加温或延长时间使细菌染色后，能够抵抗盐酸乙醇的脱色作用，因此又称为抗酸杆菌。

【实验材料】

1. 样本　开放性肺结核患者呼吸道分泌物标本。

2.试剂与器材 抗酸染色剂、载玻片、接种环、微型加热器、普通光学显微镜等。

【实验方法】

1. 将肺结核患者的呼吸道分泌物标本涂抹成2.5cm×2cm范围的厚片，自然干燥后固定。

2. 对标本做抗酸染色后镜检。

【实验结果】

结核分枝杆菌菌体细长略弯曲，抗酸染色呈红色，其他非分枝杆菌呈蓝色，见彩图38-1。

二、结核分枝杆菌的分离培养

【实验材料】

1.样本 疑似结核病患者呼吸道分泌物、脑脊液、胸腔积液、腹水或尿液标本。

2.培养基 罗氏培养基。

3.试剂与器材 4% NaOH溶液、试管、接种环、微型加热器、离心机、恒温培养箱等。

【实验方法】

1. 标本采集与前处理，脑脊液、胸腔积液、腹水或尿液标本直接离心沉淀集菌；深咳痰标本加入4倍体积的4% NaOH溶液，于常温下处理15min后再用离心沉淀法浓缩集菌。

2. 将离心沉淀接种于罗氏培养基，试管口加橡皮塞置37℃条件下培养，每周观察。

【实验结果】

结核分枝杆菌生长缓慢，通常4～6周可见菌落产生，菌落乳白色、干燥、呈颗粒状、菜花状。结核分枝杆菌在罗氏培养基上的生长现象见彩图38-2。

（慕廷娜　王　涛）

实验39　L 型 细 菌

L型细菌（L-form of bacteria）是完全丧失细胞壁后仍然能够继续生长繁殖的细胞壁缺陷细菌。细菌既可由于受到抗生素、胆汁等因素的作用而被诱导形成L型细菌，也可在其生长繁殖的过程中自发形成L型细菌。L型细菌可在人与动物体内、细菌培养物内及自然界环境中广泛存在，它们常常伴随其亲代细菌型存在或独自存在。L型细菌是常规细菌学方法不能检出的潜在病原体，可通过吸附与侵入宿主细胞而引起细胞病变和慢性非典型的感染性疾病，也可重新合成细胞壁形成返祖菌而引起疾病的急性发作。体外药物抗菌实验培养物及生物制品内的L型细菌，可对实验结果的正确判断产生重要影响。

一、感染标本的L型细菌检查

L型细菌感染可用高渗透压培养基、非高渗透压培养基分离培养，通过形态学、生物学、血清学及分子生物学的方法进行鉴定。

（一）高渗透压分离培养法

用含高渗透压和高浓度血清的软琼脂培养基进行L型细菌的分离培养和鉴定，称为L型细菌的高渗透压分离培养法（high osmotic isolation technique），简称为高渗分离培养法。

【实验材料】

1. 样本 患者的体液（尿液、血液、胆汁、胸腔积液、腹水、脑脊液等），组织（胆结石、肾结石、组织块）。

2. 培养基 L型细菌鸡蛋（LEM）平板，血琼脂平板。

3. 试剂与器材 革兰氏染色液、细胞壁染色液、2.5%碘酒、PG（protein-glucose broth）液、高渗盐水（3%～5% 氯化钠溶液）、糖发酵培养基、肠道杆菌特异性抗血清、细菌特异性基因PCR检测试剂盒、滤菌器（孔径0.45μm或0.22μm）、烛缸或CO_2培养箱、载玻片、9号注射针头等。

【实验方法】

1. 标本采集与前处理 无菌操作采集患者标本，0.1ml体液标本直接接种于血琼脂平板和滤菌器过滤后，取0.1ml接种于LEM平板；组织标本经过前处理（2.5%碘酒消毒表面、灭菌营养肉汤漂洗3次后破碎、混悬于PG液）后，取0.1ml接种于血琼脂平板及滤菌器过滤后，取0.1ml接种于LEM平板。

2. 分离培养 LEM平板置CO_2培养箱（含5%～10% CO_2气体条件）内37℃条件下培养，每日在显微镜低倍镜下观察L型细菌菌落及非L型细菌菌落形态生长现象。血琼脂平板置普通恒温培养箱（也可置CO_2培养箱）内37℃培养，每日肉眼观察L型细菌生长现象。

3. 鉴定 L型细菌的鉴定包括生物学鉴定、血清学鉴定、分子鉴定。

（1）生物学鉴定

1）形态检查

A. 菌落形态：显微镜低倍镜下直接观察培养基上的L型细菌菌落及其生长现象。

B. 菌细胞形态：用注射针头无菌操作割取带L型菌落的琼脂块，置载玻片上，加高渗盐水1～2滴并制成混悬物，分别进行革兰氏染色和细胞壁染色。有条件可做透射电镜或扫描电镜观察。

C. 滤过性：取L型细菌培养物与高渗盐水的混悬物，滤菌器（孔径0.45μm或0.22μm）过滤后接种于LEM平板或PG液中，置CO_2培养箱内37℃培养24～72h后，观察L型细菌菌落生长现象。

2）生化反应：分别取L型细菌与返祖菌的菌落，接种于LEM平板和血琼脂平板分离培养后，取菌落接种糖发酵培养基进行生化反应鉴定。

（2）血清学鉴定：肠道杆菌的L型细菌、细菌型及返祖菌，可用肠道杆菌特异性抗血清做玻片凝集实验或试管凝集实验鉴定。

（3）分子鉴定：取L型细菌培养物，提取基因组DNA作为模板，采用通用引物对16S rDNA进行PCR扩增后，做核苷酸序列测定及分析鉴定。

【实验结果】

1. L型细菌生长现象　L型细菌阳性标本的LEM平板培养物，光学显微镜下可见油煎蛋样、颗粒（G）型、丝状（F）型的菌落或非菌落形式的L型细菌细胞生长现象（彩图39-1）。

2. L型细菌生物学特性　经革兰氏染色后，L型细菌细胞多革兰氏阴性，呈球形或不规则形态（彩图39-2），缺乏细胞壁，可通过滤菌器，不发酵糖类或生化反应不典型。

3. 抗原性　在特异性抗血清凝集反应中，细菌型及返祖菌可形成典型的凝集反应，L型细菌则不凝集或形成不典型的凝集反应。

4. 基因特性　L型细菌可产生与其亲代细菌型一致的PCR反应产物，也可保留与其亲代细菌型基因相同的碱基组成和序列。

（二）非高渗透压分离培养法

用非高渗透压液体培养基进行L型细菌的分离培养和鉴定，称为L型细菌的非高渗透压分离培养法（non-high osmotic isolation technique），简称为非高渗分离培养法。

【实验材料】

1. 样本　患者的体液（尿液、血液、胆汁、胸腔积液、腹水、脑脊液等），组织（胆结石、肾结石、组织块）。

2. 培养基　PG液、血琼脂平板。

3. 试剂与器材　革兰氏染色液、细胞壁染色液、2.5%碘酒、肠道杆菌特异性抗血清、细菌特异性基因PCR检测试剂盒、滤菌器（孔径0.22μm）、注射器（规格10ml）、细胞培养瓶、恒温培养箱、倒置光学显微镜、载玻片、刻度吸管等。

【实验方法】

1. 标本采集与前处理　无菌操作下采集患者标本，直接接种0.1ml液体标本于血琼脂培养基平板和滤菌器过滤后，取0.1ml接种于含5ml PG液的细胞培养瓶内；固体标本经过前处理，取0.1ml接种于血琼脂培养基平板及滤菌器过滤后，取0.1ml接种至含5ml PG液的细胞培养瓶内。

2. 分离培养　PG液培养物置恒温培养箱内37℃培养，每日在倒置显微镜下观察L型细菌或细菌型（返祖菌）生长现象。血琼脂平板置恒温培养箱（也可置CO_2培养箱）内37℃培养，每日肉眼观察细菌生长现象。

3. 鉴定　L型细菌的鉴定包括生物学鉴定、血清学鉴定和分子鉴定。

（1）生物学鉴定

1）形态检查

A. 菌细胞形态：在倒置显微镜下直接观察培养物内的L型细菌菌落及其生长现象。

B. 染色形态：取培养物10 000r/min离心5min，取沉淀物置载玻片上，分别进行革兰氏染色和细胞壁染色。有条件可做透射电镜或扫描电镜观察。

C. 滤过性：取培养物经滤菌器（孔径0.22μm）过滤后接种0.1ml于PG液，置普通培养箱内37℃培养，每日在倒置显微镜下观察L型细菌菌落及其生长现象。

2）生化反应：分别取L型细菌菌落离心沉淀物、细菌型或返祖菌，接种于糖发酵培养基进行生化反应鉴定。

（2）血清学鉴定：肠道杆菌的L型细菌、细菌型及返祖菌，可用肠道杆菌特异性抗血清做玻片凝集实验或试管凝集实验鉴定。

（3）分子鉴定：采用通用引物对16S rDNA进行PCR扩增后，做核苷酸序列测定及分析鉴定。

【实验结果】

1. L型细菌生长现象　L型细菌阳性标本的PG液培养物肉眼观察为澄清似无菌生长，倒置显微镜下可见圆球及不规则形态的L型细菌细胞。L型细菌细胞可单个、成双或链状排列，沉于瓶底，不运动，不黏附瓶壁。电镜下可见L型细菌细胞缺乏细胞壁，形态不规则，表面光滑、粗糙或芽样结构，也可见体积微小的原生小体（图1-11）。

2. L型细菌生物学特性　普通光学显微镜下可见L型细菌细胞大多为革兰氏阴性和不规则形态，缺失细胞壁，可通过滤菌器，不发酵糖类或生化反应不典型。

3. 抗原性　在特异性抗血清的凝集反应中，细菌型及返祖菌可形成典型的凝集反应，L型细菌则不凝集或形成不典型的凝集反应。

4. 基因　L型细菌可产生与其亲代细菌型一致的PCR反应产物，也可保留与其亲代细菌型基因相同的碱基组成和序列。

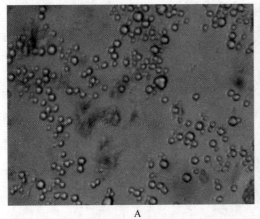 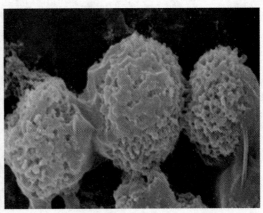

图1-11　人胆囊非高渗培养基分离的L型细菌

A. 倒置显微镜200×；B. 扫描电镜3400×

【注意事项】

1. L型细菌的繁殖方式、培养条件、观察方法与传代次数等因素可造成L型细菌的形态多样性。

2. 部分菌种由于种间差异小，单独依靠16S rDNA鉴定不能鉴定到种，需要采用特异性基因鉴定等其他方法进一步鉴定。

二、抗菌药物抑菌和杀菌实验中的L型细菌检查简介

常规的药物体外抗菌实验是用肉眼观察细菌生长现象，判断细菌对测试药物的敏感性及药物的最低抑菌浓度与最低杀菌浓度。然而，采用L型细菌分离培养方法，常常能够在某些含最低抑菌浓度或最低杀菌浓度抗菌药物的培养基内发现L型细菌。

在抗菌药物最低抑菌浓度或最低杀菌浓度检测中（参见实验23的稀释法），将经培养后，肉眼观察判断为无菌生长的培养物转种至高渗透压软琼脂培养基平板（如LEM平板）或非高渗透压液体培养基（如PG液），按前述"感染标本的L型细菌检查"方法进行检测，常常可发现L型细菌。

（王　涛）

第二章　真菌学基本实验技术

第一节　真菌的形态与培养

真菌是一类需氧的、有细胞核、不含叶绿素的真核细胞生物，包括大生物真菌与微生物真菌。微生物真菌又分为单细胞真菌与多细胞真菌，单细胞真菌常见酵母菌与类酵母菌，多细胞真菌亦称为霉菌或丝状菌。真菌种类繁多，形态多样，广泛分布于环境中，少数可引起人类的疾病。

实验40　微生物真菌的镜下形态观察

微生物真菌具有多种形态，单细胞真菌为圆形或卵圆形，多细胞真菌由菌丝与孢子组成。多细胞真菌的菌丝及孢子的形态是真菌分类与鉴定的重要依据。

【实验材料】

1. 样本　白念珠菌（*Candida albicans*）、新型隐球菌（*Cryptococcus neoformans*）、红色毛癣菌（*Trichophyton rubrum*）、絮状表皮癣菌（*Epidermophyton floccosum*）、石膏样小孢子菌（*Microsporum gypseum*）的沙氏琼脂斜面培养物与平板培养物。

2. 培养基　沙氏琼脂培养基。

3. 试剂与器材　无菌生理盐水、乳酸酚棉蓝染色液、酒精灯、滴管、镊子、盖玻片、载玻片、透明胶带、接种针、普通光学显微镜等。

【实验方法】

1. 单细胞真菌的菌体形态观察（压滴法）　分别取白念珠菌与新型隐球菌的培养物，用压滴法制片，在高倍镜下观察。

2. 多细胞真菌的菌丝与孢子形态观察

（1）取乳酸酚棉蓝染色液1滴，加于载玻片上。

（2）用盖玻片或透明胶带以印片法分别在红色毛癣菌、絮状表皮癣菌、石膏样小孢子菌的菌落表面轻轻按压蘸取真菌，将蘸有真菌的面正对乳酸酚棉蓝染色液置于载玻片上。

（3）静置3～4min后，在显微镜下观察真菌孢子与菌丝的形态结构特点。

3. 真菌的小培养物观察　将平皿中的沙氏琼脂培养基用灭菌的接种针或小刀划开，分成0.5～1cm³的小块备用。将载玻片用酒精灯加热灭菌，晾凉后，挑取一块培养基置于载玻片上。挑取少量菌种，分别接种于块状培养基的4个侧面，偏中、上部，在培养基顶部盖上已灭菌的盖玻片。放入湿盒中培养。

用镊子将小培养基中的盖玻片取出，将接种面正对乳酸酚棉蓝染色液置于洁净载玻片上。在低倍及高倍光学显微镜下分别观察絮状表皮癣菌、石膏样小孢子菌、红色毛癣菌的菌丝和孢子的生长形态及结构特点。

【实验结果】

各真菌的镜下形态特征见彩图40-1。

【注意事项】

1. 盖玻片应缓慢倾斜放置，以避免产生气泡。

2. 观察真菌菌丝及孢子时，需要将视野调暗，注意勿压碎盖玻片。

（赵　亮）

实验41　微生物真菌的菌落形态观察

单细胞真菌的菌落可分为酵母型与类酵母型，多细胞真菌可形成丝状菌落。在同种标准培养基上，不同种属的真菌可形成颜色、质地、形态特点各异的菌落，有助于真菌的鉴别。

【实验材料】

1. 样本　红色毛癣菌、絮状表皮癣菌、石膏样小孢子菌、白念珠菌及新型隐球菌。

2. 培养基　沙氏琼脂斜面及平板培养基。

3. 器材　接种针、接种钩、酒精灯、普通光学显微镜、恒温培养箱等。

【实验方法】

无菌操作下将各菌种分别接种于沙氏琼脂斜面及平板培养基，置28℃培养箱中培养3～5天。

【实验结果】

观察真菌菌落的形态、颜色、假菌丝、气生菌丝、营养菌丝及培养基的颜色（图2-1）。

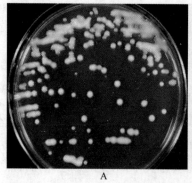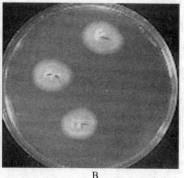

图2-1　微生物真菌的菌落

A. 白念珠菌，B. 红色毛癣菌

【注意事项】

1. 接种真菌于斜面培养基时，用接种针将真菌点种于培养基局部。

2. 观察假菌丝时，需要从培养基的侧面观察。

（赵　亮）

实验42　微生物真菌的培养特性观察

微生物真菌的营养要求较低，容易培养，常用沙氏琼脂培养基分离培养，培养基pH为4～6，培养温度一般为37℃（酵母型和类酵母型真菌）或22～28℃（丝状真菌）。某些微生物真菌生长繁殖缓慢，需要较长的培养时间。根据不同种属真菌的生长特性差异，某些特殊的真菌培养实验可以帮助我们对真菌的某些生长特征进行观察和描述，以利于对其进行鉴定和分类。

【实验材料】

1.样本　白念珠菌、新型隐球菌、絮状表皮癣菌的沙氏琼脂斜面培养物。

2.培养基　沙氏琼脂培养基。

3.试剂与器材　无菌生理盐水、人或兔血清、接种针、无菌平皿、无菌吸管、无菌载玻片、无菌凹玻片、无菌盖玻片、湿盒、普通光学显微镜、恒温培养箱等。

【实验方法】

1.芽管形成实验

（1）取人或兔血清，滴1滴于无菌载玻片上。

（2）取白念珠菌少许，接种于载玻片上的血清内，混匀后，覆盖以无菌盖玻片，置湿盒内。

（3）将湿盒放于37℃恒温培养箱内培养2～4h，每隔1h取出1次在高倍镜下观察菌体的形态和芽管形成情况。

2.真菌小培养

（1）操作方法见实验40。

（2）放于28℃恒温培养箱内培养3～6天，真菌生长后，在高倍镜下观察培养物的形态。

3.真菌大培养　无菌操作法分别将白念珠菌、新型隐球菌、絮状表皮癣菌点种于沙氏琼脂斜面培养基，放于28℃恒温培养箱内培养。

【实验结果】

1.芽管形成实验　白念珠菌形成丝状生长物，长度为母细胞直径的2倍者为芽管实验阳性。

2.真菌小培养　观察真菌的菌丝、孢子产生情况及形态结构特点。

3.真菌大培养　观察真菌的菌落、形态、颜色、生长速度。

【注意事项】

1.真菌的培养物需要注意保持湿度。

2.显微镜下观察菌落时，要调小光栅，在稍暗的视野下观察。

3. 真菌产生的孢子容易扩散，因此小培养的各菌种间不可共用一个湿盒，以免污染。

（赵 亮）

第二节　常见微生物真菌的培养与鉴定

微生物真菌广泛分布于环境中，多数对人不致病，少数可使人类致病或条件致病。真菌感染常见于浅部组织，如皮肤癣、发癣、手足癣及皮下感染；随着器官移植、免疫抑制剂应用、艾滋病等因素的影响，真菌深部感染的发病率亦不断增高，常见深部感染真菌有白念珠菌、新型隐球菌、马尔尼菲青霉菌（*Penicillium marneffei*）等，深部感染真菌的鉴定与诊断日益受到人们重视。

实验43　白念珠菌的培养与鉴定

白念珠菌是常见的条件致病菌，当机体出现菌群失调或抵抗力下降时，可引起皮肤、黏膜及深部组织的多种念珠菌病。白念珠菌能够发酵与同化葡萄糖等多种糖类，不还原硝酸钾、不产生脲酶。

【实验材料】

1. 样本　白念珠菌或疑似念珠菌病患者的标本。

2. 培养基　沙氏琼脂培养基、卡玛嘉念珠菌显色培养基（CHROMagar candida）、糖发酵培养基（包括葡萄糖、乳糖、麦芽糖、蔗糖、半乳糖、蕈糖）、尿素水解培养基。

3. 动物　成年家兔。

4. 试剂与器材　无菌生理盐水、革兰氏染色液、乳酸酚棉蓝染色液、2.5%碘酒与75%乙醇、无菌注射器、无菌试管、无菌吸管、恒温培养箱等。

【实验方法】

1. 白念珠菌的培养　取白念珠菌，分区划线法接种于沙氏琼脂培养基平板及卡玛嘉念珠菌显色培养基。置37℃恒温培养箱内培养18～24h，观察白念珠菌的生长现象，记录菌落的形态、大小、颜色、假菌丝。

2. 白念珠菌的镜检　取白念珠菌培养物涂片，革兰氏染色后油镜观察形态、排列及染色性；乳酸酚棉蓝染色后，覆盖盖玻片，高倍镜下观察假菌丝形态。

3. 芽管形成实验　见实验42。

4. 生化反应　取白念珠菌接种于各种糖发酵培养基及尿素水解培养基，置恒温培养箱内37℃培养18～24h，观察结果。

5. 动物实验

（1）菌液制备：取白念珠菌混悬于无菌生理盐水中，离心并洗涤沉淀物3次，配制成10mg/ml白念珠菌悬液。

（2）感染动物：取10mg/ml白念珠菌悬液，由耳静脉注射1ml于家兔体内。

（3）解剖动物：家兔感染后，一般可于4～5天发病和死亡。解剖家兔可见肾脏肿大，有许多白色小脓肿分布于肾皮质上，切取病变组织进行病理学检查。

【实验结果】

1. 白念珠菌的生长现象　白念珠菌在沙氏琼脂培养基上形成白色、表面光滑的类酵母型菌落，可产生假菌丝向培养基内延伸；白念珠菌在卡玛嘉念珠菌显色培养基上产生蓝绿色或翠绿色菌落。

2. 白念珠菌的镜下形态　白念珠菌革兰氏染色阳性，着色不均，菌体呈椭圆形，可产生芽生孢子、厚膜孢子和假菌丝（图2-2）。

3. 芽管形成实验　白念珠菌芽管形成实验为阳性。

4. 生化反应　白念珠菌的葡萄糖、麦芽糖、半乳糖、蕈糖发酵实验为阳性，乳糖、蔗糖发酵实验为阴性，尿素酶水解实验阴性。

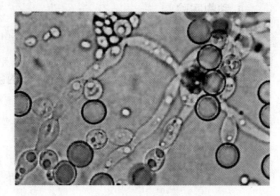

图2-2　白念珠菌的假菌丝（×200）

5. 动物实验　动物感染白念珠菌后发病，病理切片可见病变组织中存在白念珠菌。

（赵　亮）

实验44　新型隐球菌的培养与鉴定

新型隐球菌广泛分布于自然界，鸽粪是最主要的传染源，感染人类常引起中枢神经系统感染。新型隐球菌不发酵任何糖类，可同化糖类，在37℃条件下可传代培养、对小鼠具有致病性、可产生脲酶，其是鉴定新型隐球菌的基本指标。

【实验材料】

1. 样本　新型隐球菌。

2. 培养基　沙氏琼脂培养基、尿素水解培养基、同化培养基。

3. 动物　小白鼠。

4. 试剂与器材　葡萄糖、半乳糖、蔗糖、棉子糖、肌醇、纤维二糖的粉剂、无菌注射器、无菌试管、无菌吸管、接种环、印度墨汁、恒温培养箱等。

【实验方法】

1. 分离培养　取新型隐球菌，分区划线法接种于沙氏琼脂培养基。置37℃恒温培养箱内培养18～24h，观察生长现象，记录菌落的形态、大小与颜色。

2. 荚膜染色镜检　取1滴墨汁于载玻片上，挑取新型隐球菌培养物混匀，加上盖玻片轻压后，在高倍镜和油镜下观察菌细胞和荚膜形态。

3. 生化反应

（1）尿素水解实验：取新型隐球菌接种于尿素水解培养基，置37℃恒温培养箱内培养18～24h，观察结果。

（2）同化实验：加热熔化同化培养基，冷却至45～50℃。取20ml培养基与2ml菌液混匀，倾注平板。用接种针分别蘸取各种糖，穿刺接种于含菌的同化培养基内。置室温或25℃恒温培养箱内，培养48h后观察结果。

4. 动物实验

（1）菌液制备：取新型隐球菌混悬于无菌蒸馏水中，离心并洗涤沉淀物3次，配制成1：500新型隐球菌的菌液（V/V）。

（2）感染动物：取1：500新型隐球菌的菌液，由尾静脉注射0.2ml于小白鼠体内。

（3）解剖动物：观察小白鼠发病情况，小白鼠一般可在2～8周死亡，在小白鼠大脑内可见感染病灶，病变组织固定后，送病理学检查。

【实验结果】

1. 分离培养 新型隐球菌菌落表面光滑、边缘整齐，延长培养时间菌落颜色由乳白转为暗黄，新型隐球菌可产生芽生孢子，无假菌丝。

2. 荚膜染色 墨汁染色后，可见隐球菌呈圆形，菌体周围可见透明的荚膜。

3. 生化反应 尿素酶实验阳性；新型隐球菌可同化葡萄糖、半乳糖、蔗糖、棉子糖、肌醇、纤维二糖。

4. 动物实验 小鼠大脑病理切片HE染色结果可见，大脑皮层内存在多个坏死病灶，且病灶中可见多个圆形空泡样新型隐球菌。

（赵　亮）

第三节　真菌的体外抗菌药物敏感实验

体外抗真菌药物敏感实验与抗细菌药物敏感实验的方法类似，主要分为稀释法和琼脂扩散法。目前，国内外广泛认可的真菌药物敏感实验标准化方法主要为CLSI发布的方法，根据不同类型的真菌分别给出了不同的方案。例如，酵母菌稀释法药物敏感实验为M27-A3方案，丝状真菌稀释法药物敏感实验为M38-A2方案。

实验45　白念珠菌微量稀释法药物敏感实验

【实验材料】

1. 样本 白念珠菌。

2. 培养基 含谷氨酰胺和酸碱指示剂的1640培养液（不含碳酸氢钠）。

3. 试剂与器材 氟康唑，丙磺酸吗啉（morpholinepropanesulfouic acid，MOPS）缓冲

液，葡萄糖，无菌蒸馏水，无菌生理盐水，0.5麦氏比浊管，无菌试管，吸管，0.22μm滤器，U型底96孔板，微量加样枪，恒温培养箱等。

【实验方法】

1. 培养基配制　10.4g 1640培养液、18g葡萄糖、34.53g MOPS缓冲液溶解于900ml无菌蒸馏水中，调节pH至6.9～7.1，定容到1000ml，然后用0.22μm的滤膜过滤，4℃储存备用。

2. 药液配制　根据以下公式称取所需重量的氟康唑粉剂，用无菌蒸馏水配制1280μg/ml氟康唑储存液10ml，分装后−60℃储存备用，避免反复冻融。

$$重量（mg）= \frac{体积（ml）\times 浓度（μg/ml）}{有效药物效价（μg/mg）}$$

有效药物效价：指所购药物中有效药物的实际有效质量与总质量之比，详见所购药物标签。

3. 菌液配制　取沙氏琼脂培养基上培养24h的白念珠菌菌落3～5个，无菌生理盐水调节菌悬液浊度为0.5麦氏浊度（1×10^{6}～5×10^{6}cfu/ml），用1640培养液稀释至1×10^{3}～5×10^{3}cfu/ml工作浓度备用。

4. 加样　在96孔板第1孔，用微量加样枪加入1640培养液0.09ml和氟康唑储存液0.01ml，混匀后用1640培养液进行对倍稀释至第10孔；在第1孔到第10孔，分别加入0.1ml配制浓度的菌液，使氟康唑1～10孔的终浓度为64μg/ml、32μg/ml、16μg/ml、8μg/ml、4μg/ml、2μg/ml、1μg/ml、0.5μg/ml、0.25μg/ml、0.125μg/ml；第11孔加入0.1ml菌液及0.1ml培养基作为生长对照，第12孔加入0.2ml培养基作为空白对照。

5. 培养及观察　将接种完成的96孔板放入25℃恒温培养箱内培养，观察并记录24h及48h结果。

【实验结果】

结果判读以生长对照孔作为标准，将生长情况进行评分。

0：完全透明清澈；1：轻度混浊；2：浊度较生长对照明显下降；3：浊度较生长对照轻度下降；4：浊度与生长对照一致。

氟康唑以评分为2的最低药物浓度，即达到50%抑制的最低药物浓度作为最低抑菌浓度值。

【注意事项】

1. 观察结果前，可轻轻振摇药敏板，使终点判读更容易。如果出现菌膜沉淀，进行吹打、涡旋或其他方法混匀后，再进行结果判读。

2. 抗真菌药物敏感实验的方法及结果判断标准对实验结果影响很大，为尽量获得一致的可比的实验数据，建议严格按照CLSI相关指南进行操作。

3. 所有临床菌株的药敏实验前需要进行质量控制，质控菌株的最低抑菌浓度达到质控范围，方可进行其他菌株的药敏实验。

（赵　亮）

第三章　病毒学基本实验技术

第一节　病毒的形态学检查法

病毒是一类结构简单、体积微小的非细胞型微生物，需要在电镜下才能看见。对于病毒标本，可直接在电镜下观察病毒颗粒的形态，也可采用标记抗体染色法在电镜下观察病毒颗粒；在光学显微镜下观察病毒感染细胞内的包涵体，也有助于病毒的鉴定和病毒性感染的诊断。

实验46　电子显微镜检查法

电子显微镜（电镜）直接观察病毒，不仅能观察病毒的形态学特征，还可较准确地测量病毒体的大小和数量。

一、负染色电镜检查法

用扫描电镜（scanning electron microscope，SEM）观察病毒标本一般需要先用重金属离子作为染料进行负染色处理。由于病毒颗粒比重金属离子的电子密度低，电镜发出的电子束对重金属离子和病毒颗粒的穿透能力不同，使病毒的形态和结构清晰明亮。

【实验材料】

1. 样本　含病毒颗粒的待检样品。

2. 试剂与器材　2%磷钨酸盐溶液（pH 6.4～7.0）、PBS、扫描电镜、超速离心机、毛细吸管、试管、镜头纸、铜网载片、支持膜等。

【实验方法】

1. 标本制备　样品的性质不同，处理方法不同。

（1）血清、脑脊液、尿囊液样品：17 800×g离心30～60min，弃上清，沉淀用微量双蒸水重新悬浮。

（2）尿液样品：4000×g离心30～60min，收集上清，17 800×g离心30～60min，弃上清，沉淀用微量双蒸水重新悬浮。

（3）痰液样品：痰液中的黏液会影响观察，通常用适量PBS稀释痰液，用匀浆器匀浆，17 800×g离心30～60min，弃上清，沉淀用微量双蒸水重新悬浮。

（4）粪便样品：取少量粪便，用PBS制成1%悬液，4000×g离心30～60min，收集上清，17 800×g离心30～60min，弃上清，沉淀用微量双蒸水重新悬浮。

（5）细胞培养物：疑似病毒感染的细胞样品连同培养液一起收集，以冻融或超声波破碎后，17 800×g离心30～60min，弃上清，沉淀用微量双蒸水重新悬浮。

（6）组织样品：加入少量PBS用匀浆器或乳钵研磨成匀浆，17 800×g离心30～60min，弃上清，沉淀用微量双蒸水重新悬浮。

2. 制作载片和染色　对含至少10^6个/ml颗粒的病毒悬液可制作载片进行染色。用毛细吸管取病毒悬液标本，滴加在附有支持膜的铜网载片上，吸附1～2min后，用滤纸吸去液体使网干燥。滴加2%磷钨酸盐溶液（pH 6.4～7.0）染色2～3min，再用滤纸吸去网上多余染色液，干燥。

3. 观察　取样品网片在透射电镜下观察。负染色病毒体为透明亮体，与暗色背景形成反差。

【实验结果】

病毒形态具多样性，可见球形、杆状、丝状、砖状或弹状等，感染人和动物的病毒多见球形或近似球形。

【注意事项】

1. 操作时吸管不能离铜网太近，应让液滴离开吸管后自然滴下，否则液滴易将铜网吸起。

2. 支持膜应完好无损，吸管不能太粗，液滴不能太大，否则不能形成良好的液珠。

3. 病毒在液滴的边缘分布较多，操作时不宜用滤纸吸干，而待其自然稍干后再加染色液。

4. 超速离心后，上清液必须充分吸干，沉淀再用双蒸水制成悬液，否则残留的蛋白质会干扰病毒颗粒的观察。

5. 磷钨酸不能杀灭病毒，标本制备后应在火焰上或沸水中消毒，用过的镊子、铜网也应消毒。

二、透射电镜检查法

透射电镜（transmission electron microscope，TEM）以电子束作为光源，以电磁场作为透镜。由于电子束的穿透力很弱，须将标本制成厚度50nm左右的超薄切片才能进行观察。目前，其分辨率可达0.2nm，可观察病毒颗粒的细微或超微结构。

【实验材料】

1. 样本　含病毒颗粒的待检样品。

2. 试剂与器材　2.5%戊二醛、1.3%锇酸、环氧树脂包埋剂、乙酸双氧铀、柠檬酸铅、超薄切片机、透射电镜、超速离心机、支持膜、铜网载片、毛细吸管、试管、镜头纸。

【实验方法】

1. 标本制备　样品的性质不同，处理方法不同。

（1）血清、脑脊液、尿囊液样品：纯化病毒，超声波处理后，$8000 \times g$离心30min，取上清液作为观察样品。

（2）细胞培养物：收获被病毒感染的悬浮细胞，$2000 \times g$离心5～10min，弃上清，沉淀细胞用2.5%戊二醛固定后切片。

（3）组织样品：取得组织样品立即置于2.5%戊二醛中备用。

2. 制作载片或超薄切片

（1）液体样品制作成载片：经过处理的液体样品各25μl，滴于封口膜上；将有支持膜的铜网先置于样品滴上，5min后用镊子夹起，用干净的滤纸从铜网边缘吸去液体；稍干后，滴加1滴10g/L乙酸双氧铀染色1min，再用滤纸吸去染色液，然后在透射电镜下观察。

（2）制作超薄切片并染色：组织标本经2.5%戊二醛固定后，用1.3%锇酸溶液固定，环氧树脂包埋，用切片机制成超薄切片，乙酸双氧铀-柠檬酸铅双重染色。

3. 观察 在透射电镜下观察。

【实验结果】

可观察到不同电子密度的病毒结构及发生病变的组织或细胞。

【注意事项】

锇酸是有较强毒性的化学试剂，须在通风橱中制备溶液。

三、免疫电镜检查法

免疫电镜技术（immunoelectron microscopy，IEM）是利用不同标记物在电镜下呈现不同形态和电子密度的特点，用标记物标记的抗体与标本反应，观察标本中相应抗原在标本的定位、形态及表达情况。常用的标记物包括辣根过氧化物酶、铁蛋白及葡聚糖铁颗粒、放射性标记、重金属、血蓝蛋白等。

【实验材料】

1. 样本 含病毒颗粒的待检样品。

2. 试剂与器材 特异性一抗、辣根过氧化物酶标记的二抗，无水乙醇，2%磷钨酸盐溶液（pH 6.4～7.0），2.5%戊二醛溶液，3，3-二氨基联苯胺（diaminobenzidine，DAB），环氧树脂包埋剂，透射电镜，毛细吸管。

【实验方法】

1. 固定 将组织切成1mm³大小，用2.5%戊二醛溶液固定1～2h。

2. 脱水 用不同浓度（25%～100%）乙醇逐级漂洗，每次15～30min。

3. 固定、切片 用环氧树脂包埋剂进行包埋，用切片机将包埋好的组织切成20～100μm厚的切片。

4. 染色 用间接免疫酶技术进行染色，分别与特异性一抗和辣根过氧化物酶标记的二抗孵育，然后用DAB进行显色。

5. 观察　在透射电镜下进行观察。

【实验结果】

可观察到被病毒感染的宿主细胞显棕色或棕黄色。

【注意事项】

1. 冲洗的残留水滴以滤纸吸干时，应注意不要触及载网本身。

2. 每次免疫染色中的清洗工作应注意要彻底清洗，否则非特异性产物和其他污染物会影响特异性反应产物的显示和观察。

（魏　洪　迟莴文）

实验47　包涵体检查法

病毒侵入宿主细胞后，可造成细胞的形态学改变。包涵体（inclusion body）是某些病毒感染细胞后，在胞质或胞核内形成的嗜酸性或嗜碱性的团块状结构。观察包涵体有助于病毒鉴定和病毒性疾病的诊断。

【实验材料】

1. 样本　患狂犬病死亡的犬的海马回脑组织。

2. 试剂与器材　10%甲醛溶液、各种浓度的乙醇（30%～100%）、二甲苯、石蜡、氨水、苏木精染色液、1%伊红溶液、1%盐酸乙醇溶液、光学显微镜等。

【实验方法】

1. 切片制备　取下病犬海马回脑组织，立即放入10%甲醛溶液中固定24h。放入30%～100%乙醇中浸泡，逐步脱水。石蜡包埋，用切片机切成约5μm的薄片，粘于载玻片上，制成组织切片。

2. 染色　60℃水浴30min脱蜡，苏木精染色5～15min，1%盐酸乙醇溶液分化30s，氨水处理30s，伊红染色1～3min，80%乙醇浸泡30s，90%乙醇浸泡5min，100%乙醇浸泡2次，每次10min，二甲苯浸泡3次，每次5min，封片。

3. 观察　在光学显微镜下观察神经细胞胞质内是否有均质团块状结构。

【实验结果】

在光学显微镜下观察，发现神经细胞胞质内染成红色的均质团块状结构，即为内基小体。

（魏　洪　迟莴文）

第二节　病毒的分离培养与保藏

病毒只能在易感活细胞内增殖，常用培养病毒的方法是动物接种法、鸡胚培养法和组织细胞培养法，以组织细胞培养法最为常用。

实验48 动物接种法

动物接种法是最早应用于病毒分离培养的方法，主要用于病毒的分离与鉴定、制备疫苗与诊断抗原等。基本方法是将病毒接种于易感动物的组织与器官内，观察病毒引起动物的发病、组织病理学改变和免疫应答情况。

一、实验动物的选择

选择合适的实验动物是实验成功的关键，选择的依据包括动物对病毒的敏感性、动物的种系特征，以及动物的健康状况、年龄、体重、性别等。选择的基本原则主要有以下几个：

1. 选择对接种病毒易感性高的动物（表3-1）。

2. 实验动物必须健康，一般需要在接种前1周领取动物，使其适应环境并对其进行健康检查。

3. 选取体重范围一致、对接种病毒敏感性高的相应年龄阶段的动物。

二、动物接种途径

根据病毒种类不同、实验动物不同及研究目的不同，选择不同的接种途径（表3-1）。

表3-1　几种病毒常见的敏感动物及接种途径

病毒名称	敏感动物	接种途径
流行性乙型脑炎病毒	小鼠	脑内、腹腔、皮下
	恒河猴	脑内、滴鼻、皮下
森林脑炎病毒	小鼠	脑内、腹腔、静脉、皮下
	绵羊	脑内
	恒河猴	脑内
流行性感冒病毒	雪貂	滴鼻
	小鼠	滴鼻
麻疹病毒	恒河猴	皮下、肌肉、静脉、脑内
	豚鼠、家兔	腹腔
风疹病毒	豚鼠、猴	皮下、腹腔、滴鼻、静脉
	雪貂	皮下、脑内
腮腺炎病毒	恒河猴	脑内、腹腔、静脉、腮腺
单纯疱疹病毒	家兔	角膜、脑内
	豚鼠	趾
脊髓灰质炎病毒	猴	脑内、滴鼻、腹腔
	小鼠	脑内、脊髓内
	金黄地鼠	脑内

病毒名称	敏感动物	接种途径
狂犬病毒	家兔	脑内、皮下
	大鼠、小鼠	脑内
	犬、猫、猴、鸡	脑内
柯萨奇病毒甲型	初生小鼠	脑内、肌肉、腹腔、皮下

三、动物接种方法

病毒学常用的动物接种法包括脑内接种、滴鼻接种、静脉接种、腹腔接种、皮下接种等。

1. 脑内接种法

（1）家兔和豚鼠

1）接种部位：颅前后中线旁约5mm的平行线与动物瞳孔横线交叉处。

2）麻醉：乙醚吸入法或巴比妥注射法麻醉动物。

3）消毒：将头顶部的毛剪掉，以接种部位为中心用2.5%碘酒和75%乙醇进行消毒。

4）接种：一手固定头部及皮肤，一手用无菌锥子刺穿颅骨，拔出锥子，从原孔处刺入4号针头（预先将针尖处磨平），刺入4～10mm。

5）接种：注入接种物0.1～0.25ml，拔出针头，消毒接种部位，用聚甲基丙烯酸甲酯封住接种孔。

（2）小鼠和地鼠

1）接种部位：眼后角与对侧耳前缘耳根构成的交叉线交点两侧部位。

2）接种：不需要麻醉，消毒接种部位及周围皮肤，直接从接种部位进针，接种量0.03～0.05ml；拔出针头，消毒接种部位。

（3）猴

1）接种部位：耳上部距颅前后中线6mm处。

2）麻醉：巴比妥注射法麻醉动物。

3）消毒：将头顶部的毛剪掉，以接种部位为中心用2.5%碘酒和75%乙醇进行消毒。

4）接种：在接种部位钻孔，在孔中垂直刺入全部针头，回抽无脑脊液时缓慢注入接种物0.1～0.25ml；拔出针头，消毒接种部位，用聚甲基丙烯酸甲酯封住接种孔。

2. 滴鼻接种法　用乙醚将动物短暂麻醉，用一手食指及中指夹住动物后颈，拇指顶住其下颚，另一手将标本缓缓滴入动物鼻内，让动物将接种物完全吸入。小鼠接种量一般为0.03～0.05ml，大鼠一般为0.05～0.1ml，豚鼠和家兔可接种2ml。

3. 静脉接种法　小鼠和大鼠一般是采用尾静脉注射法接种。

（1）注射部位：大鼠在尾下1/5处，距尾尖3～4mm；小鼠在尾下1/4处。

（2）固定动物：将动物置于固定器内，留出尾部，使一侧尾静脉朝上。

（3）消毒：用75%乙醇消毒皮肤，以一手拇指和食指夹住鼠尾上端，无名指和小指夹住鼠尾末梢，中指托起注射部位。

（4）接种：另一手持针，针尖斜面朝上，针头和尾静脉夹角小于30°，刺入静脉并推入少量液体，如推注无阻力且尾部皮肤未见发白鼓胀，则继续推入其余液体。拔出针头，用棉签压迫止血。

4. 腹腔接种法

（1）固定动物：固定动物，暴露腹部，使其腹部朝上且头部略向下。

（2）消毒：用2.5%碘酒、75%乙醇消毒腹部皮肤。

（3）接种量：大鼠1～2ml，小鼠0.5～1.5ml。

（4）接种：于下腹部腹中线旁开1～2mm刺入皮下，在皮下平行腹中线推进针头3～5mm，再以45°角向腹腔内刺入，当针尖通过腹肌后抵抗力消失，回抽无物，再缓缓注入接种物。拔出针头，消毒注射部位。

5. 皮下接种法

（1）固定动物：固定动物，暴露注射部位皮肤。

（2）消毒：注射部位可选择颈部、腹侧或背部皮肤行皮下注射，用2.5%碘酒、75%乙醇消毒注射部位皮肤。

（3）注射量：大鼠注射量<0.5ml，小鼠注射量<0.3ml。

（4）接种：将皮肤略提起以形成一个皮下空隙，注射针刺入皮下后沿皮肤推进5～10mm，如针头可轻松左右摆动或回抽无物，则可缓缓注入接种物。拔出针头，按压注射部位片刻。

6. 乳鼠接种法

（1）动物：选用同一窝乳鼠在出生后24h内接种，留其中两只作为正常对照。

（2）接种：用竹镊轻轻将乳鼠镊起，置于实验台垫布上，将病毒用注射器从颈背部沿囟门刺入脑内，接种量一般为0.02ml。缓慢退出针头，用母鼠窝内棉花轻擦其皮肤后放回窝内。

四、动物接种后的观察

1. 实验动物接种后，每日观察数次并做好记录。

2. 观察项目

（1）一般情况：饮食状况、活动能力、精神状态、粪便情况。

（2）体温情况：每天定时检测动物体温并绘制体温曲线。

（3）体重情况：定时称量体重，绘制体重曲线。

（4）各部位是否出现局部反应。

（5）全身症状：四肢震颤、角弓反张、抽搐、呼吸加快、衰竭等。

【注意事项】

1. 注意控制动物饲养条件，正确选择病毒接种剂量和接种的方式。

2. 按照病毒的危害级别选择相应等级的动物生物安全实验室进行实验。

（魏　洪　迟莴文）

实验49　鸡胚接种技术

鸡胚（chicken embryo）的组织分化程度较低，感染人类及动物的许多病毒都可以在鸡胚的不同组织内增殖。鸡胚培养法的优点在于鸡胚来源广、价格比较低廉、操作方便、容易管理、病毒繁殖快等，缺点是鸡胚可能自带病毒。

病毒的鸡胚接种途径有4种：尿囊绒膜（chorioallantoic membrane）接种、尿囊腔（allantoic cavity）接种、羊膜腔（amniotic cavity）接种和卵黄囊（yolk sac）接种。可根据病毒及研究目的不同，选择适当的接种途径。

一、鸡胚的孵育

1. 孵蛋　在38～39℃的孵蛋箱内（也可用恒温培养箱），湿度为40%～70%、空气需要流通。每天翻蛋2次，以免粘壳。

2. 检蛋　孵育4～5天后，将蛋置于检蛋灯或检蛋器上检查鸡胚发育情况。此时的合格鸡胚表现为血管清晰、鸡胚有明显主动运动。按照所用胚龄的要求，可继续孵育与观察。

二、鸡胚的解剖生理

鸡胚是由3个胚层发育起来的，即外胚层、中胚层和内胚层。在发育过程中由3个胚层逐渐构成鸡胚的组织和器官。

鸡胚由外到内具有多层膜性结构（图3-1），最外层为石灰质的卵壳，上有气孔进行气体交换；壳下为壳膜，为一层易与卵壳分离的软膜，该膜的功能是使气体、液体分子进行内外交换。卵的钝端有气室，功能为呼吸和调节压力。壳膜下是血管丰富的绒毛膜，内为尿囊绒膜，尿囊绒膜具有胚胎呼吸器官的功能，气体交换是在膜的血管内通过卵壳孔进行的。

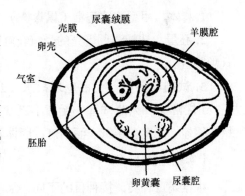

图3-1　鸡胚解剖图

尿囊腔是胚胎的排泄器官，内含尿囊液（尿液），初为透明，待胚胎发育10～12日龄后因尿酸盐量增加而变混浊。尿液量以11～13日龄为最多，平均为6～6.5ml。

羊膜为包裹胚胎的包膜，羊膜腔内盛有羊水，量为1ml左右，胎体浸泡其中。

卵黄囊附着于胚胎，内包有卵黄，是胚胎的营养物质。卵白位于卵的锐端，为胚胎发育晚期的营养物质。

三、接种前的准备和注意事项

1. 接种前准备

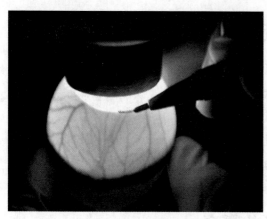

图3-2 用检蛋箱观察鸡胚

（1）鸡胚的准备：用检蛋箱观察鸡胚的状态，用铅笔画出气室的界线、胚胎的位置及大血管的位置，避开血管在气室边缘标出进针位置（图3-2）。

（2）实验室的准备：病毒接种鸡胚的操作需要在生物安全柜或生物安全室内进行，各种实验器具均进行灭菌处理。

（3）接种标本的准备：接种标本若是采集的分离培养标本则需要进行除菌处理，若是保存的高滴度病毒液，则需要稀释后再接种。

2. 注意事项

（1）防止污染：接种过程需要严格按照生物安全规范的要求进行。

（2）保证温度适宜：接种过程保证在室温较高的实验室中接种；接种过的鸡胚，根据所接种的病毒，置于适宜温度恒温孵箱中孵育。

四、接种与收获

【实验材料】

1. 样本 甲型流感病毒（鼠毒株）、单纯疱疹病毒Ⅰ型、乙型脑炎病毒。

2. 胚蛋 选择浅色蛋壳的受精新鲜胚蛋，以9～12日龄为佳，另选10～13日龄、6～8日龄胚蛋。

3. 试剂与器材 无菌生理盐水、2.5%碘酒、75%乙醇、恒温培养箱、无菌注射器（1ml规格）、无菌试管、无菌小镊子、无菌吸管、剪刀、检蛋灯、蛋架、无菌液体石蜡、钢锉、无菌玻璃纸、酒精灯、固体石蜡、记号笔等。

【实验方法】

根据病毒种类、接种目的不同，采用适当的接种途径（图3-3）。

1. 尿囊腔接种法

（1）取9～12日龄胚蛋，置于检蛋灯下观察，并用记号笔标出气室与壳膜界限，以壳膜外缘的气室处及大血管分布稀少处为接种病毒的注射点。

（2）将胚蛋横置于蛋架上，使标记的注射点向上。2.5%碘酒、75%乙醇消毒注射点及其周围的蛋壳，用无菌小镊子在注射点敲一小孔。

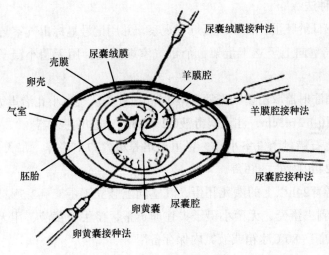

图3-3　胚蛋的接种方法

（3）用无菌注射器取0.5ml甲型流感病毒液，将针头与蛋壳成30°角的方向斜刺进针约2cm，注入病毒液。

（4）熔化石蜡封闭注射孔，置恒温培养箱内37℃培养，弃去24h内死亡的胚蛋，余者培养2～3天后收获。

（5）胚蛋竖立于蛋架上，用2.5%碘酒、75%乙醇消毒气室蛋壳。用无菌镊子除去蛋壳，轻轻撕破壳膜与尿囊绒膜。用无菌毛细吸管吸取尿囊液，置于无菌试管内。测定病毒的血凝效价后，小瓶分装，置于-80℃冰箱或液氮内保存。

2. 尿囊绒膜接种法

（1）取10～13日龄胚蛋，标出气室、胚位及壳膜-尿囊绒膜与气室的界限，避开血管密集处，在胚蛋侧面壳上标出接种病毒的注射点。

（2）按上述方法消毒胚蛋的全部蛋壳，用钢锉在胚蛋壳上的注射点锉一边长约1cm的三角缝隙。挑去锯口处的蛋壳使其形成窗口，注意勿伤及壳膜。在气室的蛋壳处，用无菌小镊子敲一小孔。

（3）在窗口的壳膜处加一滴无菌生理盐水，并用针尖在壳膜上轻划一裂隙。然后在气室小孔处用橡皮吸头吸气，形成负压与盐水下沉的重力，使壳膜与尿囊绒膜分离。用无菌小镊子撕去壳膜，暴露尿囊绒膜。

（4）用无菌注射器取单纯疱疹病毒液0.5ml，滴于尿囊绒膜上。轻轻旋转胚蛋，使病毒液均匀分布于尿囊绒膜上。用无菌玻璃纸与石蜡封口，将胚蛋窗口朝上，置恒温培养箱内37℃培养。

（5）弃去24h内死亡的胚蛋，余者培养4～5天后收获。用2.5%碘酒、75%乙醇消毒窗口区，撕去玻璃纸，用无菌镊子提起尿囊绒膜，持无菌剪刀沿窗口剪下尿囊绒膜，置于无菌平皿内。用无菌生理盐水洗涤1～2次后，平铺于皿底，观察膜上的疱疹样病变。

3. 卵黄囊接种法

（1）取6～8日龄胚蛋，置于检蛋灯下观察，并用记号笔标出气室与胚位。

（2）胚蛋气室向上竖立于蛋架，消毒气室端蛋壳，用无菌小镊子在气室中央敲一小孔。

（3）用无菌注射器取乙型脑炎病毒液0.5ml，针头从气室小孔沿蛋纵轴垂直向卵黄囊处刺入（避开鸡胚）2～3cm，注入病毒液0.2～0.5ml，退出注射器。

（4）用熔化石蜡封闭气室小孔，置恒温培养箱内37℃培养。每天翻蛋2次并在检蛋灯下检查，弃去24h内死亡的胚蛋。

（5）取出孵育24h以上的濒死胚蛋，气室向上竖立于蛋架。2.5%碘酒、75%乙醇消毒气室端蛋壳，剥去蛋壳，无菌小镊子夹住卵黄蒂，挤去卵黄液，用无菌生理盐水轻轻洗去卵黄液后，置于-80℃冰箱或液氮内保存备用。

4. 羊膜腔接种法

（1）取9～12日龄胚蛋，置于检蛋灯下观察，并用记号笔标出气室与胚位。在接种前，将胚蛋的气室向上竖立于蛋架培养1天，使胚胎朝上有利于接种。

（2）将胚蛋气室向上竖立于蛋架，2.5%碘酒、75%乙醇消毒气室端蛋壳，用钢锉沿气室近胚胎侧的蛋壳上锯一边长约1cm的方窗。

（3）用无菌小镊子夹去方窗处的蛋壳，轻轻撕去壳膜，注意勿损伤其下的尿囊绒膜。用无菌吸管取少许无菌液体石蜡，加1～2滴于胚胎附近壳膜上。石蜡在壳膜上迅速散开，可见透明状膜。在检蛋灯上，可清楚看见鸡胚。

（4）用无菌注射器取甲型流感病毒液0.5ml，针头从开窗处垂直穿过尿囊绒膜、羊膜腔膜，用针头轻轻拨动鸡胚，有实物感时提示已进入羊膜腔，注入病毒液。

（5）用无菌玻璃纸盖住气室窗口，玻璃纸边缘用熔化的石蜡密封。胚蛋气室向上竖立，置恒温培养箱内37℃培养，弃去24h内死亡的胚蛋。

（6）培养3～4天，取出胚蛋，置4℃过夜冻死鸡胚和减少收获时出血。

（7）用2.5%碘酒、75%乙醇消毒气室处蛋壳，撕去玻璃纸，无菌操作剪去蛋壳。用无菌小镊子轻轻撕破壳膜与尿囊绒膜，用无菌吸管吸取尿囊液弃去。一手持无菌小镊子提起羊膜，另一手以无菌毛细吸管插入羊膜腔吸取羊水，装入无菌试管内。用血凝实验测定流行性感冒病毒的滴度，符合要求者可分装小瓶，置于-80℃冰箱或液氮内保存备用。

【实验结果】

可通过以下方法，检查接种后的鸡胚是否被病毒感染。

1. 直接观察　观察鸡胚是否出现特殊的病理变化，是否生长发育缓慢或死亡。例如，疱疹病毒在尿囊绒膜上可形成特殊的痘斑；乙型脑炎病毒病毒、新城疫病毒可引起鸡胚死亡（必须与接种损伤、标本毒性或细菌污染相鉴别）。

2. 间接检查　培养鸡胚后，根据病毒的种类不同采用不同方法进行检查。例如，流感病毒可用血凝实验或血凝抑制实验检查；腮腺炎病毒可用特异性诊断血清通过补体结合实验检查。

（魏　洪　迟苪文）

实验50　组织细胞培养技术

一、组织细胞培养物

组织细胞培养是将人或动物离体的活组织或分散的活细胞，在实验室的培养容器内，模拟体内的生理条件使其生存和生长。

1. 组织来源　人、猴、啮齿类动物、禽的胚胎或脏器最为常用；对于虫媒病毒，可将蚊组织作为原代细胞培养的组织来源；癌瘤组织常是建立传代细胞的组织来源。

2. 单细胞的制备　将组织分散成单细胞的方法主要有3种：机械分散法、酶消化法和螯合剂分散法，后两种方法多与机械分散法结合使用。

（1）机械分散法：适用于细胞间连接较疏松的组织，如肝组织、肾组织、鸡胚组织等。可将组织剪成1mm³的小块，用玻棒轻压通过200目的筛网，然后加入培养液培养。

（2）酶消化法：用酶消化细胞间的基质成分，得到分散的细胞。例如，用胰蛋白酶消化，一般用2.5～5g/L的胰蛋白酶，组织块受到胰蛋白酶作用后细胞变为圆形，再用吸管吹打使细胞分散。1000r/min离心3min，弃上清，加入培养液，用吸管轻轻吹打分散细胞，移入培养瓶中培养。

（3）螯合剂分散法：钙离子和镁离子是细胞结合的离子，单层细胞在缺少钙、镁离子的环境下，细胞会变圆而分散成单细胞。乙二胺四乙酸（ethylenediamine tetraacetic acid，EDTA）可与钙、镁离子螯合而使细胞间及细胞与细胞培养瓶间分离，从而达到细胞分散的目的。EDTA通常用于单层细胞的分散，对于组织的分散效果不好。

3. 细胞培养的基本条件

（1）细胞接种量：细胞量太大对细胞的生长不利，在一定范围内，细胞量越大繁殖速度越快。一般传代细胞接种量为（1～5）×10⁵/ml，3～7天可铺满瓶底。

（2）培养液：目前多用合成培养液培养细胞。合成培养液的种类很多，如DMEM维持培养液、1640培养液、199培养液等，其主要成分是氨基酸、糖类、维生素、无机盐及其他成分。

1）氨基酸：所有培养液均需要12种氨基酸，即精氨酸、组氨酸、异亮氨酸、亮氨酸、赖氨酸、蛋氨酸、苯丙氨酸、苏氨酸、色氨酸、酪氨酸、缬氨酸、谷氨酸，某些特殊的培养液还含有其他一些氨基酸。

2）维生素：是维持细胞生长和生物活性的物质，可作为酶的辅基或辅酶，对细胞代谢有重要影响。

3）糖类：是细胞代谢的能量来源，一般细胞培养液含有葡萄糖。

4）无机盐：是细胞的重要组成成分，是细胞代谢必不可少的组成成分。其包括氯化钠、磷酸盐、苯酚氢钠等，对渗透压的维持、激活酶活性、缓冲等有重要作用。

5）蒸馏水：主要用于溶解上述物质，一般用双蒸水或去离子水，电导率须小于10。

6）血清：商品合成培养基中一般不含蛋白质，使用前须根据需要加入一定量的血清。其中的血清蛋白不仅能促进细胞增长还能帮助细胞贴壁，是组织培养中不可缺少的。一般使用的是小牛血清或胎牛血清，使用前需要热处理（56℃，30min）以灭活血清中的补体等物质。

7）抗生素：通常需要加入青霉素与链霉素，防止细菌污染。

（3）酸碱度及气体条件：细胞生长适宜的pH范围是7.0～7.4，细胞能耐受的pH范围较大（6.6～7.8），偏酸的环境更利于细胞贴壁。培养液中的缓冲系统主要是苯酚氢钠、磷酸盐和血清。

（4）温度：细胞培养的最适温度与细胞来源的动物体温一致。细胞不能耐受高温，即使只高2～3℃也会对细胞产生不良影响，而低温对细胞的影响较小。

（5）无菌条件：防止污染是细胞培养技术的关键影响因素。由于培养液营养条件高，容易发生细菌、真菌或其他微生物的污染，通常微生物繁殖较细胞快并能产生毒素，导致细胞死亡。在细胞培养中，可能发生污染的来源有培养液、器皿、细胞、组织本身、操作者或空气等。防止污染的措施包括：①对培养液、器皿用具进行灭菌，使用无菌室、超净工作台前用紫外线消毒；②操作时应严格进行无菌操作，如各种器皿拿入工作台前应用消毒液擦拭消毒，使用前在酒精灯火焰上灼烧瓶口，吸管吸取或注入液体应避免和瓶口接触等。

（6）培养器皿的处理：培养器皿处理的效果对于细胞贴壁生长的影响很大。目前，常用的器皿主要有玻璃和塑料的两大类。

1）玻璃器皿的处理：清洗须经过浸泡、刷洗、浸酸、冲洗4个步骤，晾干后经包装、高压蒸汽灭菌备用。

2）塑料器皿的处理：清洗程序为流水冲洗、晾干、2%NaOH溶液浸泡过夜、流水冲洗、蒸馏水浸洗，晾干后经包装、高压蒸汽灭菌备用。

二、病毒的组织细胞培养

广义上的组织培养技术包括器官培养、组织块培养和细胞培养，目前一般指细胞培养。根据细胞的来源、染色体特性和传代次数的不同可将组织培养分为原代细胞培养（primary cell culture）、二倍体细胞培养（diploid cell culture）和传代细胞培养（continuous cell culture）。

【实验材料】

1. 样本　腺病毒液。

2. 动物　4日龄乳兔。

3. 溶液及试剂　0.25%胰蛋白酶溶液（pH8.0）、无菌Hank's液（pH7.4～7.6）、1640培养液的生长液与维持液、Eagle培养液、199培养液、小牛血清、抗生素（青霉素10000U/ml，链霉素10mg/ml、半固体琼脂、15%伊红水溶液、5%乙醇-生理盐水、5%葡萄糖溶液等。

4. 器材　细胞培养瓶、平皿、移液管、无菌吸管、细胞计数器、眼科镊、眼科剪、研磨器、CO_2培养箱等。

【实验方法】

1. 原代兔肾细胞单层培养法

（1）解剖乳兔摘下肾脏，放入盛有温热的无菌Hank's液平皿内，去掉包膜，剪下皮质部分。

（2）将肾皮质块放入青霉素小瓶内，剪成约$1mm^3$大小，用无菌Hank's液洗涤3次除去红细胞，加入0.25%胰蛋白酶溶液8～10ml，置4℃冰箱内过夜。

（3）吸弃胰蛋白酶溶液，换以新鲜0.25%胰蛋白酶溶液，37℃水浴10min。

（4）吸弃胰蛋白酶溶液，用无菌Hank's液洗涤3次。洗涤时对组织块可略冲击，使组织块表面破碎细胞尽量脱下，然后吸弃无菌Hank's液。

（5）加入1640培养液5ml，用无菌吸管反复吹打组织块，将冲洗下来的细胞悬液吸到试管中。

（6）再加入1640培养液5ml，反复吹打组织块。

（7）收集细胞悬液于试管内，加盖橡皮塞，静置于室温，待较大的组织块下沉。取1滴细胞悬液于载玻片上，滴加15%伊红水溶液，加盖玻片镜检，可见死细胞染成红色，活细胞不着色。计数活细胞与死细胞的含量比，如死细胞太多则应弃掉悬液不用。

（8）活细胞占80%～90%时，吸取上部细胞悬液加于1640生长液（含10%小牛血清）至微混浊（计数约60万/ml），分装于小瓶中，每瓶1ml，37℃孵育，逐日观察细胞生长情况，一般可在48h后形成细胞单层。如未成单层，则应换新鲜生长液，继续观察，直至成单层，即可用于病毒接种。

（9）吸弃细胞培养瓶内的1640生长液，用无菌Hank's液轻轻洗涤细胞3次，以除去可能存在的病毒抑制物。各瓶内分别接种0.1ml一定浓度的腺病毒液，加入（含10%小牛血清）维持液0.9ml，同时设正常细胞对照。置CO_2气体含量为5%的CO_2培养箱内37℃孵育，逐日观察细胞病变。

（10）显微镜下观察细胞病变的形态及其特点：腺病毒引起细胞病变的特点是细胞折光率降低、含细小颗粒、细胞变圆、肿胀、聚集成团或葡萄串状。

2. 组织块培养法

（1）小组织块悬浮培养技术

1）将组织剪成0.5～$1.0mm^3$的小块。

2）用无菌Hank's液漂洗3次，组织即贴于玻璃壁上。

3）按10～15块组织加入1ml 1640生长液（含10%小牛血清）的比例，在培养瓶中培养。

（2）小组织块固定培养技术

1）小组织块制备同前，将漂洗液吸出，加入少量1640生长液。

2）用移液管吸6～10块小组织块，分散在试管壁一侧。

3）轻轻翻转试管，使粘有小组织块的面朝上，使溶液流走。

4）加入少量1640生长液，倾斜放置试管置CO_2气体含量为5%的CO_2培养箱内37℃培养，使粘有小组织块的一侧朝上，生长液在下面。

5）每天将细胞管轻轻旋转2次，以湿润组织块。

6）当观察到细胞开始由组织块长出后，使生长液浸泡组织块继续培养。

3. 器官培养技术 器官培养技术适用于某些病毒的分离鉴定。

（1）取5～9月死胚的器官组织，用含抗生素的无菌Hank's液（青霉素500U/ml，链霉素0.5mg/ml）漂洗3次，将组织包括黏膜和软骨，剪成2～3mm^3的组织块。

（2）在直径为60mm的平皿中放置4～6块，使软骨在上。

（3）加入Eagle培养液或199培养液，置于恒温培养箱培养。

4. 病毒的接种及检测 常采集检查病毒的标本包括鼻、咽、气管分泌物，粪便，组织器官，体液，脑脊液，血液等。不同性质的标本须予以不同处理，以提高检出阳性率。

（1）标本处理

1）分泌物拭子：取样后立即放入2ml加抗生素的1640培养液（青霉素500U/ml，链霉素0.5mg/ml）中反复涮洗，然后挤出拭子中的液体，$3000 \times g$离心15～20min，吸上清液接种。

2）粪便标本：一般用10倍无菌Hank's液稀释，振荡使其乳化后$4000 \times g$离心15min，取上清过滤后4℃ $16800 \times g$离心1h，取上清1.8ml，加入0.2ml抗生素（青霉素100U/ml，链霉素0.1mg/ml）4℃作用1h后接种。

3）虫媒昆虫：捕获后用5%葡萄糖水喂养3天，待血食消化后，将其冻死。每50只为一批加入2～3ml 5%乙醇-生理盐水，4℃作用1h后用无菌Hank's液洗3次，用无菌研磨器磨碎后加入无菌Hank's液4℃ $16\,800 \times g$离心1h，取上清接种。

（2）标本接种：细胞成片后，弃去生长液，接种经过处理的标本，加入含10%小牛血清的1640维持液完全覆盖细胞，置CO_2培养箱内吸附1h后弃去液体，加入维持液，每日观察细胞及培养液的变化。

（3）病毒在细胞内增殖的检测

1）细胞病变：多数病毒在细胞内增殖，可引起细胞形态学变化，常见细胞变圆、融合、坏死、溶解、脱落等现象。通常根据出现病变的细胞在整个单层细胞中所占面积的比例进行判断：无细胞病变"−"；25%细胞出现病变"+"；50%细胞出现病变"++"；75%细胞出现病变"+++"；100%细胞出现病变或全部脱落者"++++"。判断时必须对整个细胞单层进行全面观察，而不能只看几个视野就做出判断。因有些病毒感染可引起特殊的细胞病变，可根据病毒所引起特殊的细胞病变，所以根据病毒所引起的病变特点对病毒种类进行初步推断，缩小鉴定范围。

2）蚀斑测定：将稀释的病毒悬液加入单层细胞的培养瓶中，病毒吸附后，然后覆盖一层熔化的半固体琼脂，使病毒在单层细胞中扩散，每一个有感染性的病毒在单层细胞中可产生一个局限性的感染灶。用活性染料（如中性红或结晶紫）染色，活细胞可着色，受病毒感染或破坏的细胞不着色，即形成肉眼可见的空斑，称为蚀斑（plaque），计数蚀斑数量可对病毒悬液中的感染性病毒进行定量，常用PFU/ml表示。

另外，还可以采用红细胞吸附实验、干扰现象或检测培养液的pH改变间接判断病毒是否在细胞内增殖，也可以电镜直接观察细胞内外的病毒。

（魏 洪 迟茜文）

实验51 病毒的保藏与复苏

病毒耐冷怕热，因此需要在低温条件下保存病毒。通常采用冰冻或冷冻真空干燥的方法保存病毒。前者是将适量病毒悬浮在含有保护性蛋白质的液体和（或）二甲亚砜中，然后保存于干冰（–78℃）、超低温冰箱（–80℃）或者液氮罐（–196℃）内，用液氮保存可长期保持病毒的感染性。冷冻真空干燥是将冰冻的病毒悬液在真空下脱水，然后保存于4℃或–20℃条件下。

复苏和传代病毒时，取出超低温冰箱、液氮罐内或者经冷冻干燥的病毒毒种，立即置于38℃～40℃水浴中快速复苏并适当快速摇动，直到内部结冰全部融化。开启毒种管（安瓿管或塑料冻存管），将内容物移至适宜的细胞上进行培养。下面主要介绍超低温冰箱保存病毒的方法。

【实验材料】

1. 样本 待保存的病毒液。

2. 细胞 适合感染病毒的细胞（常用的有Vero、HeLa细胞）。

3. 试剂与器材 2%HCl、DMEM细胞培养液、小牛血清、PBS、DMEM维持培养液等。冷冻真空装置（冻干仪）、安瓿管、离心机、细胞培养瓶、无菌吸管、CO_2培养箱等。

【实验方法】

1. 准备安瓿管 取中性玻璃安瓿管，先用2%HCl浸泡12h，再水洗多次，烘干。管口加棉塞，高压蒸汽灭菌备用。

2. 病毒增殖 取已长成致密单层的细胞，弃去培养液，用PBS清洗细胞3次，接种0.5ml的病毒液，37℃吸附2h，每隔30min摇晃1次，使病毒充分均匀地吸附到细胞表面，吸弃未吸附的病毒液，加入DMEM维持培养液（含5%小牛血清），置CO_2气体含量为5%的CO_2培养箱内37℃培养并观察细胞病变效应，当75%细胞发生病变时，收获病毒。

3. 病毒收集 将感染病毒的细胞培养物在–80℃冰箱中放置一晚，次日拿出放在室温下融化，再放入–80℃冰箱中2h，反复冻融3次，置于微量台式高速冷冻离心机于4℃，3500r/min离心30min，上清液即病毒液。

4. 病毒冻存　用灭菌吸管取病毒液分装到安瓿管内，并将盖子拧紧。在-40～-20℃条件下预冻2h，将安瓿管或冻存管置于-80℃冰箱或液氮罐中保存。

【注意事项】

1. 病毒液分装时间尽量要短，最好1～2h分装完毕。

2. 在病毒的冷冻保存过程中应严格遵守特定的操作规程和病原生物实验室安全指南。

（魏　洪　迟茜文）

第三节　病毒计数法

测定感染性病毒的常用方法有50%组织细胞感染量（tissue culture infective dose，$TCID_{50}$）测定和空斑形成实验。

实验52　$TCID_{50}$测定

$TCID_{50}$测定的基本原理是病毒增殖导致细胞病变，可判断病毒的感染性和毒力，并可对感染性病毒颗粒数进行粗略定量。

【实验材料】

1. 样本　已知标准病毒液。

2. 细胞　HeLa细胞的微孔板单层培养物。

3. 培养基　1640培养液（维持液）（含3%小牛血清，pH7.4）。

4. 器材　无菌吸管、试管、CO_2培养箱等。

【实验方法】

1. $TCID_{50}$滴定　用维持液10倍连续稀释病毒液，分别接种0.1ml于各细胞单层培养物，37℃条件下置于CO_2培养箱中孵育，逐日观察细胞病变。

2. 细胞对照　未接种病毒的细胞单层培养物。

【实验结果】

观察细胞病变现象，记录细胞病变孔数，参照表3-2计算$TCID_{50}$。

表3-2　$TCID_{50}$计算方法

病毒稀释度	接种细胞孔数（个）	无病变孔数（个）	有病变孔数（个）	积累总数（个） 有病变	无病变	有病变比例	有病变率（%）
1×10^{-4}	8	0	8	24	0	24/24	100
1×10^{-5}	8	0	8	16	0	16/16	100
1×10^{-6}	8	3	5	8	3	8/11	72.7
1×10^{-7}	8	5	3	3	8	3/11	27.3
1×10^{-8}	8	8	0	0	16	0/16	0

$TCID_{50}$计算方法：表3-2的病毒$TCID_{50}$介于$10^{-6}\sim10^{-7}$稀释度，两稀释度之间的距离比例为

$$距离比例=\frac{高于50\%病变率的百分数-50\%}{高于50\%病变率的百分数-低于50\%病变率的百分数}$$

$$=\frac{72.7\%-50\%}{72.7\%-27.3\%}=\frac{22.7\%}{45.4\%}=0.5$$

$\lg TCID_{50}$=距离比例×稀释度对数之间的差+高于50%病变率的稀释度的对数

$$=0.5\times(-1)+(-6)$$

$$=-6.5$$

$TCID_{50}=10^{-6.5}/0.1ml$，即将该病毒稀释$10^{6.5}$倍接种0.1ml，可使50%的细胞发生病变。

（魏　洪　王梅竹）

实验53　空斑形成实验

病毒在细胞单层培养物增殖可形成空斑，计数细胞单层的空斑数可推算出样品中的感染性病毒颗粒数量，即每毫升样品的病毒空斑形成单位（plaque forming unit，PFU）。不同病毒形成空斑的形态不同，因此空斑技术常用于病毒的滴定、鉴定、纯化及分离等。

【实验材料】

1. 样本　腺病毒液。

2. 细胞单层培养物　HeLa细胞的单层培养物。

3. 培养基　营养琼脂（含10%琼脂、2%小牛血清、0.5%水解乳蛋白、0.1%中性红）、1640培养液。

4. 器材　无菌培养皿、无菌吸管、CO_2培养箱等。

【实验方法】

1. 取HeLa细胞的单层培养物，弃生长液。

2. 用无血清1640培养液10倍连续稀释腺病毒液，每一稀释度接种2个细胞单层培养物，接种量为0.2～0.5ml。

3. 置于CO_2培养箱内37℃放置1h，使病毒吸附细胞。

4. 加入44℃预温的营养琼脂10ml，凝固后，置CO_2培养箱内37℃避光培养。

【实验结果】

肉眼或显微镜下观察空斑的形成，计算空斑数。根据以下公式计算PFU，可参照表3-3示例。

PFU/ml=培养瓶平均空斑数×病毒稀释倍数/每瓶病毒接种量（ml）

表3-3　空斑形成实验结果举例

病毒稀释倍数	接种量（ml）	空斑数（个）	原液的病毒含量（个/ml）
10 000	0.5	25	5×10^5
10 000	0.2	6	3×10^5

【注意事项】

在暗室或红光条件下加入营养琼脂，以免中性红因氧化沉淀而失去染色能力。

（魏　洪　王梅竹）

第四节　病毒感染的血清学检查方法

病毒的血清学检查法是诊断病毒感染和鉴定病毒的重要手段，通常可用已知病毒抗体检测未知病毒抗原，或用已知病毒抗原检测患者血清中的特异性抗体。常用方法有中和实验、血凝抑制实验、补体结合实验、凝胶免疫电泳、ELISA、免疫荧光技术、Western印迹技术等。

实验54　中和实验

病毒的中和实验（neutralization test）是基于病毒在动物体内或细胞培养中被特异性抗体中和而失去感染性，从而可用病毒特异性抗原或者抗体检测血清中病毒中和抗体效价或检测标本中病毒的实验，可辅助诊断病毒性传染病，也可用于病毒的鉴定和分型。中和实验可在易感的实验动物体内进行，亦可在细胞培养或鸡胚中进行。实验方法有简单定性实验、固定血清-稀释病毒法、固定病毒-稀释血清法、空斑减少法等。本节以检测流感病毒中和抗体为例介绍固定血清-稀释病毒法和固定病毒-稀释血清法。

【实验材料】

1. 样本　疑似流感患者血清（56℃、30min灭活）、正常人血清（阴性对照血清）。

2. 病毒　流感病毒液（已知标准病毒，甲醛灭活）。

3. 细胞单层培养物　MDCK细胞的单层培养物。

4. 试剂与器材　1640培养液（生长液和维持液）、96孔细胞培养板、无菌吸管、试管、橡皮吸头、恒温培养箱等。

【实验方法和结果】

1. 固定血清-稀释病毒法

（1）测定流感病毒的$TCID_{50}$（参见实验52）。

（2）病毒稀释度的选择：根据$TCID_{50}$测定的结果选择病毒稀释度范围，一般实验组选择$100\times TCID_{50}/0.1ml$病毒液，对照组选择$1\times TCID_{50}$病毒液。

（3）病毒的稀释：按选定的病毒稀释度范围，用生长液将病毒液做10倍递减稀释。

（4）中和实验：将不同稀释度病毒分别与患者血清和阴性对照血清等体积混合，振摇充分混匀，置于37℃条件下中和30～60min后接种于MDCK细胞的单层培养物进行培养，每细胞培养孔0.1ml，每个稀释度5孔，每孔加入1640培养液（维持液）0.9ml，置于含5%CO_2的恒温培养箱内37℃培养，逐日观察致细胞病变（CPE）数并记录结果。

（5）中和指数计算：按下列公式进行计算。

$$中和指数 = \frac{实验组\ TCID_{50}}{对照组\ TCID_{50}}$$

（6）结果判定：中和指数大于50表示待检血清中有中和抗体；中和指数在10～50表示可疑；中和指数小于10表示无中和抗体存在。

2. 固定病毒-稀释血清法

（1）测定流感病毒的$TCID_{50}$（参见实验52）。

（2）制备病毒悬液：将已测定$TCID_{50}$的病毒液稀释成$200 \times TCID_{50}$的病毒悬液备用。

（3）稀释血清：取已灭活处理的50μl血清，加入96孔细胞培养板，以生长液连续倍比稀释，使其稀释度分别为原血清的1：2、1：4、1：8、1：16、1：32、1：64、1：128，每孔含量为50μl，每个稀释度做4孔。

（4）中和实验：每孔加入50μl病毒液，封好盖，置于37℃恒温培养箱中和1h。

（5）对照组：设立阳性和阴性血清对照、病毒对照和正常细胞对照。其中，病毒对照要做$200 \times TCID_{50}$、$20 \times TCID_{50}$、$2 \times TCID_{50}$、$0.2 \times TCID_{50}$四个不同浓度。

（6）加入细胞悬液：中和完成后，每孔加入100μl细胞悬液，混匀。置于含5%CO_2的恒温培养箱中37℃培养，逐日观察5～6天，记录各孔是否出现CPE。

（7）结果判定和计算：以表3-4的结果为例，说明结果记录及中和抗体效价的计算方法。

表3-4　固定病毒-稀释血清法中和抗体效价计算

血清稀释	CPE数（个）/总孔数（个）	CPE数（个）	无CPE数（个）	累计数（个） CPE	累计数（个） 无CPE	保护率	百分数（%）
1：2（$10^{-0.3}$）	0/4	0	4	0	15	15/15	100
1：4（$10^{-0.6}$）	0/4	0	4	0	11	11/11	100
1：8（$10^{-0.9}$）	1/4	1	3	1	7	7/8	87.5
1：16（$10^{-1.2}$）	1/4	1	3	2	4	4/6	66.7
1：32（$10^{-1.5}$）	3/4	3	1	5	1	1/6	16.7
1：64（$10^{-1.8}$）	4/4	4	0	9	0	0/9	0
1：128（$10^{-2.1}$）	4/4	4	0	13	0	0/13	0

固定病毒稀释血清中和实验的结果是计算出能保护50%细胞孔不产生细胞病变的血清稀释度，该稀释度即为该份血清的中和抗体效价。用Reed-Muench法计算中和抗体效价PD_{50}：

$$距离比例=\frac{高于50\%的保护率-50\%的保护率}{高于50\%的保护率-低于50\%的保护率}$$

$$=\frac{66.7\%-50\%}{66.7\%-16.7\%}=0.33$$

$lgPD_{50}$=高于50%保护率血清稀释度的对数+距离比例×稀释度对数的差

$$=-1.2+0.33\times[-1.5-(-1.2)]=-1.2+0.33\times(-0.3)=-1.299$$

$PD_{50}=10^{-1.299}$=0.05=1/20，即1：20的血清可保护50%细胞不产生病变，1：20即为该份血清的中和抗体效价。

【注意事项】

1. 感染性病毒的数量是中和实验成败的关键，数量过高易出现假阴性，过低则可能出现假阳性。在微量血清中和实验中，一般使用（100～500）×$TCID_{50}$。

2. 用于实验的阳性血清对照，必须用标准病毒接种易感动物制备。

3. 细胞量与实验有密切关系，细胞量过大或过小易造成判断上的错误，一般以在24h内形成单层为宜。

（魏　洪　赵　亮）

实验55　血凝现象和血凝抑制实验

某些病毒表面存在血凝素，具有凝集某些动物或人红细胞的特性，称为血凝（hemagglutination，HA）现象，可用来测定病毒。血凝现象可以被特异性抗体所抑制，即血凝抑制（hemagglutination inhibition，HAI）实验，HAI实验可用于病毒的鉴定和分型，并对相应疾病进行辅助诊断。

本节以流感病毒为例，介绍血凝现象和血凝抑制实验。

【实验材料】

1.样本　流感病毒液（甲醛灭活）。

2.试剂与器材　流感患者血清、生理盐水、0.5%鸡红细胞悬液、吸管、多孔塑料板等。

【实验方法】

1.流感病毒血凝效价滴定　按表3-5进行。

（1）在多孔塑料板各孔（1～10孔）内加入生理盐水，第1孔0.9ml，其余各孔0.25ml。

（2）取病毒液0.1ml加入第1孔，吹吸3次混匀，吸0.5ml弃去，吸0.25ml于第2孔，依次做对倍稀释至第9孔，第9孔吸0.25ml弃去。

（3）第1～10孔各加生理盐水0.25ml。

（4）每孔各加0.5%鸡红细胞悬液0.5ml，振荡1～2min混匀，置室温30～60min后，观察并记录结果。

表3-5 血凝效价滴定操作程序

管号	1	2	3	4	5	6	7	8	9	10
生理盐水（ml）	0.9	0.25	0.25	0.25	0.25	0.25	0.25	0.25	0.25	0.25
	弃0.5←									弃0.25
病毒液（ml）	0.1	0.25	0.25	0.25	0.25	0.25	0.25	0.25	0.25	
病毒液稀释度	1/10	1/20	1/40	1/80	1/160	1/320	1/640	1/1280	1/2560	对照
生理盐水（ml）	0.25	0.25	0.25	0.25	0.25	0.25	0.25	0.25	0.25	
0.5%鸡红细胞（ml）	0.5	0.5	0.5	0.5	0.5	0.5	0.5	0.5	0.5	0.5

2. 血凝抑制实验操作 按表3-6所示程序进行。

表3-6 血凝抑制实验操作程序

管号	1	2	3	4	5	6	7	8	9 血清对照	10 病毒对照	11 血球对照
生理盐水（ml）	0.9	0.25	0.25	0.25	0.25	0.25	0.25	0.25	0.25	0.25	0.25
	弃0.5←								弃0.25		
患者血清（ml）	0.1	0.25	0.25	0.25	0.25	0.25	0.25	0.25	0.25	—	—
血清稀释度	1/10	1/20	1/40	1/80	1/160	1/320	1/640	1/1280			
4凝集单位病毒液（ml）	0.25	0.25	0.25	0.25	0.25	0.25	0.25	0.25	—	0.25	—
					混匀，置室温30～60min						
0.5%鸡红细胞（ml）	0.5	0.5	0.5	0.5	0.5	0.5	0.5	0.5	0.5	0.5	0.5
					混匀，置室温30～60min						

【实验结果】

1. 血凝实验 观察实验结果时，应轻轻拿起孔板，避免振摇，结果以"+～++++"进行区别。

++++：红细胞呈一薄层均匀铺于孔底，无红细胞沉积。

+++：红细胞呈一薄层均匀铺于孔底，有很少红细胞沉积。

++：有少量红细胞沉积于孔底呈一小团块，周围有小凝集块。

+：红细胞凝集颗粒较少，大量红细胞沉积于孔底。

–：不凝集，红细胞沉于孔底呈一小点。

以出现"++"的病毒液的最高稀释度为该病毒的血凝效价，即一个凝集单位。在血凝抑制实验中，以0.25ml病毒悬液含4个血凝单位。若血凝效价是1∶640，则4单位为1∶160，即将病毒液进行1∶160稀释即可用作血凝抑制实验。

2. 血凝抑制实验 该实验结果的观察与记录与血凝实验相同。"++++、+++、++、+"均表示血凝不抑制；"–"表示血凝抑制，即阳性。血凝抑制抗体的效价以完全抑制血凝，即结果为"–"的血清最高稀释度来表示。

【注意事项】

1. 应用丙酮法、氯仿法、白陶土法等方法处理可疑流感患者血清，以去除血清中的血凝抑制物。

2. 观察结果时，应轻拿轻放孔板，避免振摇。

（魏 洪 赵 亮）

实验56　补体结合实验

补体结合实验（complement fixation test）是利用特异性抗原与抗体形成复合物时能结合补体，从而消耗反应液中的补体使其浓度减低的原理，用以检出抗原或抗体的实验。较常用的有全量法、半量法、小量法和微量法等。以下以流感病毒为例介绍小量法。

【实验材料】

1. 样本　采集患者血清，56℃加温30min灭活。

2. 其他　流感病毒抗原、标准流感病毒阳性血清、阴性血清、溶血素抗体、补体、2.5%绵羊红细胞悬液。

3. 器材　试管等。

【实验方法】

1. 绵羊红细胞致敏　取洁净试管一支，加入2U的溶血素抗体6ml和2.5%绵羊红细胞悬液6ml，摇匀备用。

2. 补体滴定　按表3-7逐步加入各试剂，温育后观察最少量补体能产生完全溶血者，确定为1个实用单位，补体结合实验中使用2个实用单位。表3-8中的结果为1∶60的补体0.12ml可产生完全溶血，按比例公式0.12×2/60=0.2∶x计算，x=50；即实际应用中的2个补体实用单位应为1∶50稀释的补体0.2ml。

表3-7　补体的滴定

管号	1∶60补体（ml）	缓冲液（ml）	稀释抗原（ml）		绵羊红细胞悬液（ml）		结果
1	0.04	0.26	0.1	37℃水浴	0.2	37℃水浴	不溶血
2	0.06	0.24	0.1	30min	0.2	30min	不溶血
3	0.08	0.22	0.1		0.2		微溶血
4	0.10	0.20	0.1		0.2		微溶血
5	0.12	0.18	0.1		0.2		全溶血
6	0.14	0.16	0.1		0.2		全溶血

3. 抗原和抗体的滴定　补体结合实验前，应通过实验选择抗原和抗体适宜的结合浓度。多采用方阵法进行滴定，选择抗原与抗体两者都呈强阳性反应（完全溶血）的

最高稀释度作为抗原和抗体的效价。方法如表3-8所示。在试管中加入不同稀释度的抗原0.1ml，配加不同稀释度的抗血清0.1ml，另设置不加抗原的抗体对照管和不加抗体的抗原对照管。然后，加入滴定的补体0.2ml和2.5%绵羊红细胞0.2ml，温育后观察结果。在表3-8中可见1∶64抗原和1∶32抗体各作为1U。在正式实验中，抗原一般采用2~4U（1∶32~1∶8），抗体采用4U（1∶8）。

表3-8　抗原和抗体的方阵滴定

抗原 ＼ 抗体	1∶4	1∶8	1∶16	1∶32	1∶64	1∶128	1∶256	1∶512	抗原对照
1∶4	4	4	4	4	4	4	3	2	0
1∶8	4	4	4	4	4	3	2	1	0
1∶16	4	4	4	4	3	2	2	1	0
1∶32	4	4	4	4	3	1	1		0
1∶64	4	4	4	4	2	1			0
1∶128	4	2	1	0	0	0	0	0	0
1∶256	3	1	0	0	0	0	0	0	0
1∶512	0	0	0	0	0	0	0	0	0
抗体对照	0	0	0	0	0	0	0	0	

注：1、2、3、4分别表示溶血反应强度为+、++、+++、++++；0为不溶血。

4. 补体结合实验　按表3-9逐步加入各种试剂，温育后先观察各类对照管及待检血清管是否发生溶血，并记录结果。

表3-9　测定抗体的补体结合实验操作程序

反应物（ml）	待检血清管		阳性对照管		阴性对照管		抗原对照管	补体对照管			2.5%绵羊红细胞对照管
	测定	对照	测定	对照	测定	对照		2U	1U	0.5U	
稀释血清	0.1	0.1	0.1	0.1	0.1	0.1	—	—	—	—	—
抗原	0.1	—	0.1	—	0.1	—	0.1	0.1	0.1	0.1	—
缓冲液	—	0.1	—	0.1	—	0.1	0.1	0.1	0.1	0.1	0.4
2U补体	0.2	0.2	0.2	0.2	0.2	0.2	0.2	0.2	—	—	—
1U补体	—	—	—	—	—	—	—	—	0.2	—	—
0.5U补体	—	—	—	—	—	—	—	—	—	0.2	—
混匀，置37℃条件下1h或4℃条件下16~18h											
致敏的绵羊红细胞	0.2	0.2	0.2	0.2	0.2	0.2	0.2	0.2	0.2	0.2	0.2
混匀，置37℃条件下30min后观察结果											

【实验结果】

1. 对照管结果判定　阴性、阳性对照的测定管中应分别为明确的溶血与不溶血；抗原对照管、待检血清对照管、阳性和阴性对照的对照管都应完全溶血。绵羊红细胞对照管不应出现自发性溶血。补体对照管应呈现2U为全溶血，1U为全溶略带有少许绵羊红细胞，0.5U应不溶血。

2. 待检血清结果判定 不溶血为阳性，溶血为阴性，阳性表示血清中有相应的流感病毒抗体。

【注意事项】

1. 若上述各对照管不出现预期结果，则实验结果不可靠，应根据出错的对照管分析出错原因予以纠正再重复实验。例如，0.5U补体对照出现全溶血表明补体用量过多；如2U对照管不出现溶血，说明补体用量不够，对结果都有影响，应重复进行实验。

2. 注意影响补体结合实验的因素，如抗原的量和质量，血清中含有的非特异性灭活病毒的物质和抗补体物质，补体的用量，绵羊红细胞的理化性质，结合条件（温度与时间、保护剂、稀释液、反应pH、所用器皿洁净程度）。

（魏 洪 赵 亮）

第四章　其他微生物检测方法

一、衣原体感染的检查

衣原体（chlamydia）圆形或椭圆形，大小0.2～0.5μm，严格活细胞内寄生，可用鸡胚或单层细胞培养。沙眼衣原体（*Chlamydia trachomatis*）可在宿主细胞浆内形成包涵体，可采用吉姆萨染色法、碘液染色法和直接荧光染色检查细胞内衣原体或包涵体。

培养衣原体的上皮细胞，经吉姆萨染色，可见在灰色的细胞质和粉红色的细胞核衬托下，衣原体的原体为紫色致密颗粒，可呈帽形、散在型或桑椹形；始体近于蓝色，较大而疏松，形成的包涵体可将细胞核挤在一边，呈填塞型。

对于疑似感染沙眼衣原体患者的眼穹隆、眼结膜的分泌物涂片或眼结膜病变组织刮片也可采用碘液染色后显微镜下进行检查。碘染色后细胞呈黄色或淡黄色，包涵体呈棕色至蓝黑色。

对于疑似生殖道感染衣原体感染的患者，可取宫颈管拭子涂片，以吖啶橙染色，氯化钙液分色后，以荧光显微镜观察上皮细胞内外发出橘红色荧光的衣原体颗粒。

二、立克次体感染的检查

立克次体（rickettsia）大小介于细菌与病毒之间，形态多样，以球杆状或杆状为主，革兰氏染色阴性，但不易着色，常用吉姆萨染色法、Gimenez染色法或Macchiavello染色法进行染色。立克次体为专性细胞内寄生，可用细胞培养法、鸡胚卵黄囊培养法和动物（常用豚鼠和小鼠）接种法进行培养。

目前，对于立克次体病的血清学诊断法主要有两类：一类为立克次体特异性血清学反应，即利用立克次体作为特异性抗原进行立克次体凝集实验或补体结合实验。另一类为非特异性血清凝集实验，或称外-斐反应（Weil-Felix reaction）。由于普通变形杆菌某些菌株（如OX_{19}、OX_2和OX_k等）的菌体抗原与斑疹伤寒等立克次体的脂多糖有共同抗原成分，这些菌株与立克次体特异性抗体能发生交叉反应。并且变形杆菌抗原容易制备，临床上常用这类变形杆菌代替相应的立克次体抗原，与被检患者血清进行非特异性凝集反应，有助于立克次体病的辅助诊断。

三、支原体感染的检查

支原体（mycoplasma）具有多形性，镜下观察多见小颗粒和丝形体。支原体革兰氏染色阴性，但不易着色，一般以吉姆萨染色效果较佳，菌体被染为淡紫色。支原体对营养的要求较高，在软琼脂固体培养基平板上可形成直径为10～600μm的菌落，菌落中央长入培养基内，以致在显微镜低倍镜下观察可见形成中心厚、周边薄的"油煎蛋"样菌落。

肺炎支原体感染的血清学诊断可以用ELISA、补体结合实验、间接血凝实验等检测特异性抗体。冷凝集素实验是检测原发性非典型性肺炎患者血清中冷凝集素的一种非特异性实验，但仅50%左右的患者出现阳性，此反应为非特异性，呼吸道合胞病毒、腮腺炎病毒、流感病毒等感染时也可出现冷凝集现象。

目前，肺炎支原体临床诊断多采用抗原和核酸检测法，这两类方法简便快速，且特异性和敏感性高，适合大量临床标本检查。采用方法有：

1. 采用肺炎支原体P1蛋白和P30蛋白单克隆抗体，以ELISA检测患者痰、鼻洗液或支气管灌洗液中肺炎支原体抗原。

2. 采用特异性PCR检测患者痰液标本中肺炎支原体16S rRNA或P1基因。

四、螺旋体感染的检查

螺旋体（spirochete）是一类细长、柔软、弯曲、运动活泼的原核细胞型微生物，生物学地位介于细菌与原虫，广泛存在于自然界与动物体，多为非致病性，对人致病的螺旋体主要分布于钩端螺旋体属、密螺旋体属和疏螺旋体属。致病性螺旋体除钩端螺旋体外，多不易培养，临床检查时多采取适当标本做直接镜检或血清学实验。

螺旋体形态纤细，折光性强，革兰氏染色阴性，但不易着色。常用Fontana镀银染色法、吉姆萨染色法和Wright染色法。

钩端螺旋体病的血清学检查可采用显微镜凝集实验（microscopic agglutination test，MAT）、补体结合实验、絮状沉淀实验等，其中MAT最为经典和常用，该方法是用我国15群15型致病性钩端螺旋体参考标准株结合当地常见的血清群、型的活钩端螺旋体作为抗原，与不同稀释度的疑似钩端螺旋体病患者血清混合后37℃条件下孵育1～2h，在暗视野显微镜下检查有无凝集现象，若血清中存在同型抗体，可见钩端螺旋体被凝集成不规则的团块或蜘蛛状，以50%钩端螺旋体被凝集的最高血清稀释度作为效价判断终点。本实验特异性和敏感性均较高，但通常不能早期诊断。

梅毒的血清学检查有非梅毒螺旋体抗原实验和梅毒螺旋体抗原实验两类。非梅毒螺旋体抗原实验是以正常牛心磷脂作为抗原，测定患者血清中的反应素（抗脂质抗体），此实验用于梅毒的初筛。梅毒螺旋体抗原实验是采用梅毒螺旋体Nichols或Reiter株作为抗原，检测患者血清中特异性抗体，特异性较高，但操作烦琐，用于确诊梅毒。

（王梅竹）

第二篇　微生物学实验技术在药学中的应用

第五章　抗生素效价的微生物测定法

抗生素效价的微生物学测定是利用抗生素对某种微生物具有抗菌活性的特点，测定抗生素活性（效价）的方法，包括管碟法和浊度法。

实验57　管　碟　法

管碟法是目前抗生素效价测定中常用的一种琼脂扩散法。管碟法的基本原理是利用抗生素在琼脂培养基内的扩散与渗透作用，比较标准品和供试品对实验菌的抑菌圈大小，以确定检品的效价。管碟法包括一剂量法、二剂量法和三剂量法，常用二剂量法。本实验以青霉素为例说明二剂量法检测抗生素效价的基本方法。

【实验材料】

1. 样本　青霉素标准品、青霉素供试品。

2. 实验菌　金黄色葡萄球菌〔CMCC（B）26003〕。

3. 培养基、试剂与器材　营养琼脂培养基，1%PBS，无菌生理盐水，培养皿（直径约90mm，高16～17mm），不锈钢小管（内径：6.0±0.1mm，外径：7.8±0.1mm，高度：10.0±0.1mm），无菌滴管，镊子等。

【实验方法】

1. 青霉素标准品溶液的配制　精确称取青霉素标准品5g，用1%PBS（pH 6.0）溶解成一定浓度的原液，再将此原液稀释至2U/ml和1U/ml两种浓度。

2. 青霉素供试品溶液的配制　按青霉素标准品溶液的配制方法进行配制，高、低浓度的剂量比一般为2：1。

3. 菌悬液的制备　取金黄色葡萄球菌营养琼脂斜面培养物，接种于营养琼脂培养基斜面上，在35～37℃条件下培养20～22h。临用时，用无菌生理盐水将菌苔洗下，备用。

4. 含菌平板的制备　取20ml营养琼脂培养基倾注入无菌平皿，水平放置使其凝固，作为底层。取金黄色葡萄球菌菌悬液2ml，加入100ml冷却至约50℃的营养琼脂培养基内，迅速摇匀，取5mL覆盖底层培养基，使其分布均匀，作为菌层，平放凝固后备用。

5. 效价测定　取照上述方法制备的含菌平板4个，在平板底部四边，分别标注SH（标准品高浓度）、SL（标准品低浓度）、UH（供试品高浓度）、UL（供试品低浓度）。

无菌操作以无菌小镊子取4个不锈钢小管，等距离放置在含菌平板上，勿使不锈钢小管嵌入培养基内，但不锈钢小管底部必须与培养基表面紧密接触，以免药液漏出。每1含菌平板对角的2个不锈钢小管中分别滴装高浓度及低浓度的青霉素标准品溶液，其余2个小管中分别滴装相应的高低两种浓度的青霉素供试品溶液。盖上平皿盖，静置30min，置恒温培养箱内37℃条件下培养18~24h后观察结果。

6. 用游标卡尺精确测量每种药液的抑菌圈直径。

【实验结果】

按下列步骤计算检品效价：

1. 计算W和V。

$$W=（SH+UH）-（SL+UL）$$

$$V=（UH+UL）-（SH+SL）$$

式中，UH为供试品高剂量的抑菌圈直径；UL为供试品低剂量的抑菌圈直径；SH为标准品高剂量的抑菌圈直径；SL为标准品低剂量的抑菌圈直径。

2. 计算θ。

$$\theta=D\times anti\text{-}lg（IV/W）$$

式中，θ为供试品与标准品的效价比；D为标准品高剂量与供试品高剂量之比，一般为1；I为高低剂量之比的对数，本例中为lg2。

3. 求出供试品的实际单位数。

$$供试品实际单位=供试品标示量\times\theta$$

【注意事项】

1. 向4个不锈钢小管加入青霉素标准品和青霉素供试品时注意药液不能溢出小管，也不能形成凹液面，液面应与小管上缘平齐。

2. 每批青霉素供试品不应少于4个，一般取4~10个。

3. 菌悬液的浓度以能观察到清晰的抑菌圈为度，通常二剂量法标准品溶液的高浓度所致抑菌圈直径在18~22mm。

（陈峥宏）

实验58　浊　度　法

浊度法是利用抗生素在液体培养基中对实验菌生长的抑制作用，通过测定培养后细菌浊度值的大小，比较标准品与供试品对实验菌生长抑制的程度，测定供试品效价的一种方法。本实验以链霉素为例说明浊度法检测抗生素效价的基本方法。

【实验材料】

1. 样本　链霉素标准品、链霉素供试品。

2. 实验菌 金黄色葡萄球菌［CMCC（B）26003］。

3. 培养基、试剂与器材 营养琼脂培养基、抗生素效价检定用培养基Ⅲ、无菌蒸馏水、无菌PBS、无菌生理盐水、无菌试管、无菌吸管、紫外分光光度计、恒温水浴振荡器等。

【实验方法】

1. 菌悬液的制备 取金黄色葡萄球菌营养琼脂斜面培养物，接种于营养琼脂培养基斜面上，在35～37℃培养20～22h。临用前，用无菌生理盐水洗下斜面上的菌苔，制备成菌悬液。

2. 标准品溶液的制备 精确称取链霉素标准品，先用无菌蒸馏水溶解药物，再用pH7.8的无菌PBS对药液进行系列稀释。

3. 供试溶液的制备 精密称取供试品适量，用无菌蒸馏水溶解，再用无菌PBS稀释，根据估计效价选择一个中间剂量的供试品溶液用于检定。

4. 含试验菌液体培养基的制备 取上述菌悬液适量（35～37℃培养3～4h后测定的吸光度在0.3～0.7之间，且剂距为2的相邻剂量间的吸光度差值不小于0.1），加入抗生素效价检定用培养基Ⅲ中，混合，使在试验条件下能得到满意的剂量-反应关系和适宜的测定浊度。

5. 抗生素效价的检定 精密吸取各稀释度标准品药液和供试品药液1ml，加入灭菌试管中，再分别加入9ml含菌培养基放入恒温水浴摇床，以200r/min转速37℃振荡培养4h后取出摇匀，用分光光度计在580nm波长处分别测定吸光度。同时，取1ml无菌PBS与9ml含菌培养基，加入0.5ml甲醛溶液混匀，作为空白对照；再取1ml无菌PBS与9ml含菌培养基混匀，作为细菌生长情况的阳性对照，与各实验管同时培养。每一剂量不少于3个试管，计算平均吸光度值。

【实验结果】

1. 标准曲线的计算 将标准品的各浓度lg值及相对应的吸光度列成表5-1。

表5-1 抗生素标准品浓度lg值与吸光度

组数	抗生素浓度lg值	吸光度
1	X_1	Y_1
2	X_2	Y_2
3	X_3	Y_3
4	X_4	Y_4
⋮	⋮	⋮
n	X_n	Y_n
平均值	$\overline{X}$	$\overline{Y}$

按回归系数公式和截距公式分别计算标准曲线的直线回归系数（即斜率）b 和截距 a，从而得到相应的标准曲线的直线回归方程：

回归系数：

$$b = \frac{\sum(X_i - \bar{X})(Y_i - \bar{Y})}{\sum(X_i - \bar{X})^2} = \frac{\sum X_i Y_i - \bar{X}\sum Y_i}{\sum X_i^2 - \bar{X}\sum X_i}$$

截距：

$$a = \bar{Y} - b\bar{X}$$

直线回归方程：

$$Y = bX + a$$

式中，Y_i为标准品的实际吸光度；Y为估计吸光度，由标准曲线的直线回归方程计算得到；$\bar{Y}$为标准品实际吸光度的均值；X_i为抗生素标准品实际浓度lg值；$\bar{X}$为抗生素标准品实际浓度lg值的均值。

2. 抗生素浓度lg值的计算　回归系数具有显著意义时，测得供试品吸光度的均值后，根据标准曲线的直线回归方程，按下式计算抗生素的浓度lg值。

抗生素的浓度lg值：

$$X_0 = \frac{Y_0 - a}{b}$$

3. 供试品含量的计算　将计算得到的抗生素浓度（将lg值转换为浓度）再乘以供试品的稀释度，即得供试品中抗生素的量。

【注意事项】

1. 测定浊度时，若不能立即完成测定，则需要向含有抗生素的菌液中加入甲醛溶液0.5ml以终止微生物生长。

2. 回归系数需要经显著性检验（t检验），判断回归得到的方程是否成立，即X、Y是否存在回归关系，若成立则可用于计算供试品lg值。

（陈峥宏）

第六章 注射剂的微生物学检查

注射剂指药物制成的、注入体内的无菌溶液，或供临用前配成溶液或混悬液的无菌粉末或浓溶液。注射剂不能含有任何微生物及细菌内毒素，需要对其进行无菌检验和内毒素检查。

实验59 注射剂的无菌检验

无菌检验的基本原则是采用严格的无菌操作方法，将一定量待检药物接种于适合不同微生物生长的培养基中，或者经封闭式薄膜过滤法过滤后将滤膜置于培养基中，于合适的条件下，培养一定时间后观察有无微生物生长，以判断待检物是否为无菌制剂。无菌检验所用培养基包括需氧菌、厌氧菌和真菌培养基，其配方及制备方法须按照《中华人民共和国药典》的有关规定进行严格操作。无菌检验的方法包括薄膜过滤法和直接接种法，只要待检注射剂性质允许，应采用薄膜过滤法，本实验为薄膜过滤法。

【实验材料】

1. 样本 待检注射剂。

2. 菌种 金黄色葡萄球菌、生孢梭菌、白念珠菌的营养琼脂培养基24h或48h的培养物。

3. 培养基 硫乙醇酸盐流体培养基（厌氧菌检查的首选培养基，同时也可用于需氧菌检查）、胰酪大豆胨液体培养基（用于需氧菌和真菌的检查）。

4. 试剂与器材 封闭式薄膜过滤器（滤膜孔径应不大于0.45μm，滤膜直径约50mm），无菌生理盐水，无菌注射器，移液器，无菌吸头，消毒碘酒与乙醇，无菌棉签，恒温培养箱等。

【实验方法】

1. 取待检注射剂，用碘酒、乙醇消毒容器表面，并在无菌操作下开启容器。

2. 按表6-1，用无菌注射器取规定量待检注射剂，直接过滤，必要时混合至含不少于100ml适宜稀释液的无菌容器中，混匀，立即过滤。过滤后在1份滤器中加入100ml硫乙醇酸盐流体培养基，1份滤器中加入100ml胰酪大豆胨液体培养基。

表6-1 待检注射剂的最小检验量

注射剂装量（V）	每支待检注射剂接入每种培养基的最小量
$V<1ml$	全量
$1ml \leqslant V \leqslant 40ml$	半量，但不得少于1ml
$40ml < V \leqslant 100ml$	20ml
$V>100ml$	10%，但不少于20ml

3. 阳性和阴性对照，分别将100个菌落形成单位的金黄色葡萄球菌、白念珠菌接种于胰酪大豆胨液体培养基，生孢梭菌接种于硫乙醇酸盐流体培养基，作为阳性对照。另取每种培养基各1支加入0.1ml无菌生理盐水，作为阴性对照。

4. 培养，各胰酪大豆胨液体培养管置于20~25℃条件下培养；硫乙醇酸盐流体培养管置于30~35℃条件下培养。培养期间应定期观察并记录是否有菌生长。培养14天后，仍然不能从外观上判断有无微生物生长，可取不少于1ml该培养液转种至同种新鲜培养基中，将原始培养物和新接种的培养基继续培养不少于4天，观察接种的同种新鲜培养基是否出现混浊，或取培养液涂片，染色，镜检，判断是否有菌。阳性对照管培养不超过5天。

【实验结果】

1. 阴性对照，各管培养基应澄清，未见生长现象，若培养基出现混浊、表面有菌膜或出现沉淀，表明培养基有污染或无菌操作不合格，此时需要更换培养基重新实验。

2. 阳性对照，各管培养液应混浊，若培养基未见生长现象，则需要检查对照菌活力和培养基的配制。

3. 若供试品管均澄清，或虽显混浊但经确证无菌生长，则判供试品符合规定；若供试品管中任何一管显混浊并确认有菌生长，则判供试品不符合规定，除非能充分证明实验结果无效，即生长的微生物非供试品所含。

【注意事项】

1. 严格进行无菌操作，避免污染。

2. 培养基可参考《中华人民共和国药典》（2020年版）四部通用技术要求中的配方进行制备，亦可使用按该配方生产的符合规定的脱水培养基或商品化的预制培养基。配制后应采用验证合格的灭菌程序灭菌。

3. 过滤之前一般应先用少量的无菌生理盐水过滤，以润湿滤膜。为发挥滤膜的最大过滤效率，应注意保持供试品溶液覆盖整个滤膜表面。

4. 若供试品为固体制剂，则需要按照该注射剂使用说明，用相应溶剂溶解后再进行检验，同时需要设立溶剂对照。

5. 如供试品具有抑菌作用，须用无菌生理盐水冲洗滤膜，每张滤膜每次冲洗量一般为100ml，冲洗次数一般不少于3次，总冲洗量一般不超过500ml，最高不得超过1000ml，以避免滤膜上的微生物受损伤。

6. 应根据供试品特性选择阳性对照菌，无抑菌作用及抗革兰氏阳性菌为主的待检注射剂，以金黄色葡萄球菌为对照菌；抗革兰氏阴性菌为主的待检注射剂，以大肠埃希菌为对照菌；抗厌氧菌的待检注射剂，以生孢梭菌为对照菌；抗真菌的待检注射剂，以白念珠菌为对照菌。

（陈峥宏）

实验60　注射剂细菌内毒素的检查

注射剂内毒素的检查通常采用鲎试剂法，包括两种方法，即凝胶法和光度测定法，后者包括浊度法和显色基质法。检查待检注射剂时，可使用其中任何一种方法进行实验。本实验介绍用凝胶法定性检查注射剂的细菌内毒素，其灵敏度可达到0.1～1ng/ml。

【实验材料】

1. 样本　待检注射剂。

2. 内毒素　细菌内毒素标准品。

3. 试剂与器材　鲎试剂0.125～0.5EU/ml、细菌内毒素检查用水（5ml/支）、无菌无内毒素吸管、无菌无内毒素试管、恒温水浴箱等。

【实验方法】

1. 取无菌无内毒素试管3支，各加细菌内毒素检查用水0.1ml。

2. 在上述3支试管中分别加细菌内毒素标准品、细菌内毒素检查用水和待检注射剂各0.1ml，并在试管上做好相应标记，分别为阳性对照（细菌内毒素标准品）、阴性对照（细菌内毒素检查用水）、实验管（待检注射剂），用无菌无内毒素吸管分别取0.1ml鲎试剂加入各管。

3. 轻摇匀后，垂直放置在恒温水浴箱中，37℃条件下孵育15～30min。

【实验结果】

取出待检注射剂和对照管观察结果，应先观察对照管，再观察待检注射剂接种管。根据凝胶形成与否及凝胶强度进行判断：

－：不形成凝胶，溶液仍为液态。

＋：形成凝胶，但凝胶强度较低，倒持试管凝胶能动。

＋＋：形成牢固凝胶，倒持试管凝胶不动。

【注意事项】

1. 实验用吸管和试管应无菌与无内毒素；严格进行无菌操作，避免污染。

2. 可影响鲎试剂法结果的注射剂应适当稀释，以减少干扰，或进行干扰实验。

（陈峥宏）

第七章　口服及外用药物的微生物学检查

口服及外用药物的微生物学检查包括药品染菌量的检查及病原菌的检查。

实验61　药品染菌量的检查

药品染菌量的检查是指非规定灭菌制剂及其原料、辅料受到微生物污染程度的检查，通常采用微生物计数法，系用于能在有氧条件下生长的嗜温细菌和真菌的计数。计数方法包括平皿法、薄膜过滤法和最可能数法（most probable-number method，MPN法）。MPN法用于微生物计数时精确度较差，但对于某些微生物污染量很小的供试品，MPN法可能是更适合的方法。本实验介绍平皿法和薄膜过滤法。

【实验材料】

1. 样本　供试品。

2. 培养基　胰酪大豆胨琼脂培养基、沙氏琼脂培养基。

3. 试剂与材料　无菌生理盐水，PBS，无菌吸管，试管，平皿（直径为90mm），灭菌的滤菌器和滤膜（孔径小于0.45μm，直径一般为50mm），酒精灯等。

【实验方法】

1. 平皿菌落计数法

（1）用pH7.2的无菌PBS将供试品稀释成1∶10、1∶100、1∶1000的稀释药液。分别取连续三级10倍稀释的药液各1ml，置于平皿内，注入恒温于45℃的培养基约15ml，混匀，胰酪大豆胨琼脂培养基用于需氧菌计数，沙氏琼脂培养基用于酵母菌和霉菌计数，待凝固。每稀释级应制备2～3个平皿。

（2）阴性对照实验：取供实验用的稀释剂各1ml，置于4个无菌平皿中，分别加入15ml胰酪大豆胨琼脂培养基、沙氏琼脂培养基制备平板，经培养应无菌生长。

（3）培养和计数：胰酪大豆胨琼脂培养基平板置于30～35℃条件下培养3～5天，沙氏琼脂培养基平板置于20～25℃条件下培养5～7天，计数菌落数，以cfu表示。若同稀释级两个平板的菌落数平均值不小于15，则两个平板的菌落数不能相差1倍或以上。

（4）计算各稀释级的平均菌落数，按菌数报告规则报告菌数。

2. 薄膜过滤法

（1）取相当于每张滤膜含1g、1ml或10cm²供试品的供试品，加至适量的稀释剂中，混匀，过滤；若供试品所含的菌数较多，可取适宜稀释级的供试品1ml进行实验。用pH7.0无菌氯化钠-蛋白胨缓冲液或其他适宜的冲洗液冲洗滤膜。冲洗后取出滤膜，菌面贴于胰酪大豆胨琼脂培养基或沙氏琼脂培养基平板上培养。每种培养基至少制备1张滤膜。

（2）阴性对照实验：取实验用的稀释液1ml照上述薄膜过滤法操作，作为阴性对照。阴性对照不得有菌生长。

（3）培养和计数：培养条件和计数方法同平皿法，每片滤膜上的菌落数应不超过100cfu。

【实验结果】

1.平皿菌落计数法　计数平板上菌落数，并计算各稀释级的平均菌落数，按照菌数报告规则计算报告菌数。

菌数报告规则：需氧菌总数测定宜选取平均菌落数小于300cfu的稀释级、霉菌和酵母菌总数测定宜选取平均菌落数小于100cfu的稀释级，作为菌数报告的依据。取最高的平均菌落数，计算1g、1ml或10cm^{2}供试品中所含的微生物数，取两位有效数字报告。如各稀释级的平板均无菌落生长，或仅最低稀释级的平板有菌落生长，但平均菌落数小于1时，以<1乘以最低稀释倍数的值报告菌数。

2.薄膜过滤法　以相当于1g、1ml或10cm^{2}供试品的菌落数报告菌数；若滤膜上无菌落生长，以<1报告菌数（每张滤膜过滤1g、1ml或10cm^{2}供试品），或<1乘以最低稀释倍数的值报告菌数。

【注意事项】

1.检查的全过程均应严格无菌操作，严防污染。

2.需要根据供试品的理化特性与生物学特性采取适宜的方法制备供试品。

3.采用薄膜过滤法时，水溶性供试品过滤前先将少量的冲洗液过滤以润湿滤膜；对于油类供试品，其滤膜和过滤器在使用前则应充分干燥。过滤样品时，应保持供试品溶液及冲洗液覆盖整个滤膜表面。供试品经薄膜过滤后，若需要用冲洗液冲洗滤膜，每张滤膜每次冲洗量不超过100ml，总冲洗量不得超过1000ml，以避免滤膜上的微生物受损伤。

（陈峥宏）

实验62　药品中金黄色葡萄球菌的检查

金黄色葡萄球菌是常见的病原性革兰氏阳性球菌，可引起化脓性感染、食物中毒等。该菌广泛分布于自然界及健康人的皮肤和鼻咽部等处，易污染药品及食品。国家药品标准规定，外用药和滴眼剂中不得检出金黄色葡萄球菌。

【实验材料】

1.样本　供试品。

2.培养基　胰酪大豆胨液体培养基、甘露醇氯化钠琼脂培养基、甘露醇发酵培养基。

3.菌种　金黄色葡萄球菌。

4.试剂与器材　无菌生理盐水、肝素抗凝兔血浆、革兰氏染色液、无菌平皿、锥形瓶、无菌吸管、载玻片、恒温培养箱等。

【实验方法】

1. 供试品制备　称取10g固体供试品，加在100ml无菌生理盐水中，充分研磨或振摇制成1∶10供试品；液体供试品可量取10ml，加于90ml无菌生理盐水内，混匀后制成1∶10供试品。

2. 增菌培养　取1∶10供试品10ml，接种胰酪大豆胨液体培养基，置30～35℃条件下培养18～24h。

3. 选择和分离培养　取摇匀后的增菌液1～2环，划线接种于甘露醇氯化钠琼脂培养基平板，置30～35℃条件下培养18～72h，观察生长现象。若出现黄色菌落或外周有黄色环的白色菌落生长，则进行分离、纯化，并参考本书实验26进行鉴定，确证是否为金黄色葡萄球菌。

4. 对照　以金黄色葡萄球菌〔CMCC（B）26003〕为阳性对照，实验方法同供试品的检查，对照菌的加量应不大于100cfu；阴性对照实验以灭菌生理盐水代替供试品进行检查。

【实验结果】

阳性对照实验应检出金黄色葡萄球菌，阴性对照实验应无菌生长。如果阴性对照有菌生长，应进行偏差调查。

若平板上没有与上述形态特征相符或疑似的菌落生长，或虽有相符或疑似的菌落生长但鉴定结果为阴性，判定供试品未检出金黄色葡萄球菌。若出现疑似菌落，经革兰氏染色镜检为革兰氏阳性葡萄球菌、发酵甘露醇产酸、血浆凝固酶阳性，则判定供试品检出金黄色葡萄球菌。

（陈峥宏）

实验63　药品中大肠埃希菌的检查

大肠埃希菌主要寄生在人和动物肠道内，可随粪便排出体外而污染环境。通过检查样品中是否存在大肠埃希菌及其数量，可判断样品受粪便污染的情况，间接反映肠道病原菌和寄生虫卵存在的可能性。药品中如检测出大肠埃希菌，患者服用该药后有引起肠道感染的危险。因此，大肠埃希菌被列为重要的卫生指标菌，国家药品标准规定，口服药品不得检出大肠埃希菌。

【实验材料】

1. 样本　供试品。

2. 培养基　胰酪大豆胨液体培养基、麦康凯液体培养基、麦康凯琼脂培养基、三糖铁琼脂培养基、乳糖发酵培养基、蛋白胨水培养基、葡萄糖蛋白胨水培养基、柠檬酸盐培养基。

3. 菌种　大肠埃希菌［CMCC（B）44102］。

4. 试剂　无菌生理盐水、40%KOH溶液、6%α-萘酚乙醇溶液、靛基质试剂、革兰氏染色液。

5. 器材　无菌试管、无菌三角烧瓶、无菌吸管、无菌平皿、超净工作台或洁净实验室、恒温培养箱。

【实验方法】

1. 供试品制备　称取10g固体供试品，加无菌生理盐水100ml，充分研磨或振摇制成1∶10检样；液体供试品量取10ml，加无菌生理盐水90ml，混匀后制成1∶10检样。

2. 增菌培养　取1∶10检样10ml，接种于胰酪大豆胨液体培养基，置30~35℃条件下培养18~24h。

3. 分离培养和纯培养　取上述培养物1ml接种至100ml麦康凯液体培养基中，42~44℃条件下培养24~48h。取麦康凯液体培养物划线接种于麦康凯琼脂培养基平板上，30~35℃条件下培养18~72h。麦康凯琼脂培养基平板上有菌落生长，应进行分离、纯化，参考实验29进行鉴定，确证是否为大肠埃希菌。

4. 对照　以大肠埃希菌为阳性对照，实验方法同供试品的检查，对照菌的加量应不大于100cfu；阴性对照实验以无菌生理盐水代替供试品进行检查。

【实验结果】

阳性对照实验应检出大肠埃希菌，阴性对照实验应无菌生长。如果阴性对照有菌生长，应进行偏差调查。

若麦康凯琼脂培养基平板上没有菌落生长，或虽有菌落生长但鉴定结果为阴性，判供试品未检出大肠埃希菌。若在麦康凯琼脂培养基上有湿润的菌落，且呈鲜桃红色或微红色，菌落中心呈深桃红色，圆形，扁平，边缘整齐，表面光滑，经革兰氏染色镜检，为不规则散在排列的革兰氏阴性短杆菌，发酵乳糖，IMViC实验（吲哚、甲基红、乙酰甲基甲醇、柠檬酸盐实验）为+、+、-、-，判供试品检出大肠埃希菌。

（陈峥宏）

实验64　药品中沙门菌的检查

沙门菌是常见的肠道病原菌，其种类较多，可引起人类和动物的感染。沙门菌可随患者或患病动物的粪便或尿液排出体外而污染水或食物，并经口进入易感者的肠道，引起伤寒、副伤寒、急性胃肠炎及败血症等疾病。国家药品标准规定，口服药品不得检出沙门菌。

【实验材料】

1. 样本　供试品。

2. 培养基 胰酪大豆胨液体培养基、RV沙门菌增菌液体培养基、木糖赖氨酸脱氧胆酸盐琼脂培养基、三糖铁琼脂培养基。

3. 菌种 乙型副伤寒沙门菌。

4. 试剂与器材 无菌生理盐水、溴甲酚紫溶液、沙门菌属诊断血清、无菌试管、无菌三角烧瓶、无菌平皿、小玻璃管、载玻片、恒温培养箱等。

【实验方法】

1. 供试品制备和增菌培养 取10g或10ml供试品，直接或经处理后接种于适宜体积的胰酪大豆胨液体培养基，置30～35℃条件下培养18～24h。

2. 选择培养和分离培养 用0.1ml增菌培养液接种至RV沙门菌增菌液体培养基，置30～35℃条件下培养18～24h后，取少量RV沙门菌增菌液体培养物划线接种于木糖赖氨酸脱氧胆酸盐琼脂培养基平板上，30～35℃条件下培养18～48h，检查有无疑似沙门菌的菌落。沙门菌在木糖赖氨酸脱氧胆酸盐琼脂培养基平板上菌落为淡红色或无色、透明或半透明、中心有或无黑色。用接种针挑选疑似菌落接种于三糖铁琼脂培养基，培养18～24h，若三糖铁琼脂培养基的斜面为红色、底层为黄色，或斜面黄色、底层黄色或黑色，则参考本书实验31进一步鉴定。

3. 对照 以乙型副伤寒沙门菌〔CMCC（B）50094〕为阳性对照，实验方法同供试品中沙门菌的检查，对照菌的加量应不大于100cfu；阴性对照实验以无菌生理盐水代替供试品进行检查。

【实验结果】

阳性对照实验应检出乙型副伤寒沙门菌，阴性对照实验应无菌生长。如果阴性对照有菌生长，应进行偏差调查。

若木糖赖氨酸脱氧胆酸盐琼脂培养基平板上有疑似菌落生长，且三糖铁琼脂培养基的斜面为红色、底层为黄色，或斜面黄色、底层黄色或黑色，应进一步进行适宜的鉴定实验，确证是否为沙门菌。如果平板上没有菌落生长，或虽有菌落生长但鉴定结果为阴性，或三糖铁琼脂培养基的斜面未见红色、底层未见黄色；或斜面黄色、底层未见黄色或黑色，判供试品未检出沙门菌。

（陈峥宏）

实验65 药品中铜绿假单胞菌的检查

铜绿假单胞菌为革兰氏阴性菌，广泛存在于土壤、空气及污水中，可产生水溶性色素（绿脓菌素）。铜绿假单胞菌常见在创伤条件下感染人体，引起伤口化脓性炎症甚至败血症。该菌也可感染眼部，导致角膜溃疡、穿孔甚至失明。国家药品标准规定，外用药及眼科药剂中不得检出铜绿假单胞菌。

【实验材料】

1. 样本 供试品。

2. 培养基 胰酪大豆胨液体培养基、溴化十六烷三甲基铵培养基、绿脓菌素测定培养基、硝酸盐胨水培养基、明胶培养基、营养琼脂培养基。

3. 菌种 铜绿假单胞菌。

4. 试剂与器材 氧化酶试剂（10g/L盐酸二甲基对苯二胺试剂）、氯仿、1mol/L盐酸溶液、革兰氏染色液、无菌试管、无菌吸管、无菌平皿、载玻片、恒温培养箱等。

【实验方法】

1. 供试品制备 称取10g供试品，加于100ml无菌生理盐水中，充分研磨或振摇制成1：10供试品；液体供试品可量取10ml，加于90ml无菌生理盐水内，混匀后制成1：10供试品。

2. 增菌培养 取1：10供试品10ml，接种于胰酪大豆胨液体培养基，置30～35℃恒温培养箱培养18～24h。

3. 选择和分离培养 取增菌液划线接种于溴化十六烷三甲基铵培养基平板上，置30～35℃恒温培养箱培养18～72h，观察菌落特征。

4. 以接种环挑取疑似菌落接种于营养琼脂斜面进行纯培养。

5. 取纯培养物涂片、革兰氏染色后镜检，若镜下见革兰氏阴性杆菌，则进一步做生化反应。

6. 生化反应

（1）氧化酶实验：取一洁净滤纸片置于无菌平皿内，用玻璃棒或牙签取疑似铜绿假单胞菌的纯培养物涂于滤纸片上，滴加氧化酶试剂，细菌涂布物迅速变为紫红或深紫色即为阳性。

（2）绿脓色素实验：取疑似铜绿假单胞菌的纯培养物接种于绿脓菌素测定培养基斜面，置恒温培养箱内37℃培养18～24h。取3～5ml氯仿加入试管内，充分振摇，使培养物中的绿脓菌素混匀在氯仿中，待氯仿提取液呈现绿色时，加1mol/L盐酸约1ml，振摇后静置片刻，上层盐酸溶液中呈现粉红至红色实验结果为阳性，否则为阴性。同时，用未接种的绿脓菌素测定培养基斜面同法作阴性对照，结果应呈阴性。

（3）硝酸盐还原实验：取疑似铜绿假单胞菌的纯培养物接种于硝酸盐胨水培养基，置恒温培养箱内37℃培养18～24h观察结果，若集气管内有气泡则为阳性。

（4）明胶液化实验：用接种针取疑似铜绿假单胞菌的纯培养物，穿刺接种于明胶培养基，置恒温培养箱内37℃培养18～24h观察结果。明胶培养基液化，置于4℃条件下放置10～30min后，仍为液化状态即为阳性。

（5）42℃生长实验：用接种环取疑似铜绿假单胞菌的纯培养物，接种于营养琼脂培养基斜面，置42℃水浴箱内24～48h后观察结果，有菌苔形成为阳性。

7. 对照 以铜绿假单胞菌［CMCC（B）10104］为阳性对照，实验方法同供试品的检查，对照菌的加量应不大于100cfu；阴性对照实验以无菌生理盐水代替供试品进行检查。

【实验结果】

阳性对照为铜绿假单胞菌在溴化十六烷三甲基铵培养基平板上形成不规则、扁平、灰白色、表面湿润的菌落，菌落周围有蓝绿色色素。镜检见铜绿假单胞菌为革兰氏阴性短小杆菌。氧化酶实验、绿脓色素实验、明胶液化实验、硝酸盐还原实验、42℃生长实验均为阳性。

若供试品在溴化十六烷三甲基铵培养基平板上有菌落生长，且氧化酶实验阳性，以及上述生化反应均为阳性，判供试品检出铜绿假单胞菌；供试品在溴化十六烷三甲基铵培养基平板上没有菌落生长，或虽有菌落但氧化酶实验阴性，或经进一步生化鉴定为阴性，判供试品未检出铜绿假单胞菌。

【注意事项】

1. 氧化酶实验不宜用接种环取菌苔，因铁、镍等金属可与氧化酶试剂反应而呈红色。

2. 氧化酶试剂易氧化，应装于棕色瓶内密封保存于4℃冰箱中。

（陈峥宏）

实验66 药品中厌氧芽孢梭菌的检查

厌氧芽孢梭菌广泛存在于人与动物肠道内及自然界土壤中。以植物根、茎为原料的药物容易受厌氧芽孢梭菌的芽孢污染，厌氧芽孢梭菌污染进入厌氧微环境的创口可引起疾病。《中华人民共和国药典》中，梭菌属于非无菌药物不得检出的控制菌。

【实验材料】

1. 样本 供试品。

2. 培养基 梭菌增菌培养基、哥伦比亚琼脂培养基。

3. 菌种 生孢梭菌。

4. 试剂 革兰氏染色液、芽孢染色液、3%H_2O_2溶液、无菌生理盐水。

5. 器材 厌氧罐与厌氧产气袋、超净工作台或洁净实验室、恒温培养箱。

【实验方法】

1. 供试品的处理 称取10g固体供试品，充分研磨后加入无菌生理盐水100ml，制成1∶10稀释的供试品；量取10ml液体供试品，加入无菌生理盐水90ml，制成1∶10稀释的供试品。

2. 增菌、选择和分离培养 将上述2份供试品分别接种至适宜体积的梭菌增菌培养基中，置厌氧条件下30～35℃培养48h。取少量上述培养物，分别涂布接种于哥伦比亚琼脂培养基平板上，置厌氧条件下30～35℃培养48～72h。

3. 细菌的鉴定　取哥伦比亚琼脂培养基平板上的菌落进行革兰氏染色和过氧化氢酶实验（参考本书实验12）。

4. 对照　以生孢梭菌［CMCC（B）64941］为阳性对照，实验方法同供试品的检查，对照菌的加量应不大于100cfu；阴性对照实验以无菌生理盐水代替供试品进行检查。

【实验结果】

阳性对照应有生孢梭菌生长，且过氧化氢酶实验阴性。

若哥伦比亚琼脂培养基平板上有细菌生长，芽孢染色镜检见革兰氏阳性梭菌，有或无卵圆形或球形的芽孢，过氧化氢酶阴性，应进一步进行适宜的鉴定实验，确认是否为梭菌；如果哥伦比亚琼脂培养基平板上没有细菌生长，或虽有相符或疑似的菌落生长但鉴定结果为阴性，或过氧化氢酶反应阳性，判供试品未检出梭菌。

【注意事项】

梭菌为厌氧菌，进行分离培养时应提供厌氧环境。

（陈峥宏）

实验67　自然界中微生物的检查
一、空气中细菌的检查法

自然界的空气缺乏细菌生长繁殖所需的营养等条件，因此细菌在空气中不能长久存在。土壤内的细菌可以随尘土飞扬到空气中，寄居在人与动物呼吸道、口腔的细菌也可随咳嗽、喷嚏所产生的飞沫散布于空气中。空气中细菌的检测方法很多，如沉降法、滤过法、气流撞击法等，以沉降法最为常用。沉降法是利用含有细菌的尘粒或液滴因重力自然下降，以至于可在培养基表面形成菌落生长的原理进行检查。《室内空气质量标准》（GB/T 18883-2002）规定，细菌总数小于2500cfu/m^3。

【实验材料】

1. 培养基　直径9cm的营养琼脂平板。

2. 器材　记号笔、恒温培养箱等。

【实验方法】

1. 营养琼脂平板6个，用记号笔分别在平板底部玻璃上做好1～6字样的标记。

2. 打开平板1、2、3、4的皿盖，将培养基置于室内四角；打开平板5的皿盖，将其置于室中央；离地高度为1.2～1.5m。

3. 使培养基暴露于空气中，15min后盖好皿盖。

4. 平板6置于桌面，不开启，作为阴性对照。

5. 将以上6个平板置于恒温培养箱内37℃条件下培养，18～24h后观察结果。

【实验结果】

1. 在平板底部计数每块平板上的菌落数。将5个平板所测菌落数相加后除以5，得到平板上菌落的平均数。按以下公式计算出100cm²培养基上的菌落数：100cm²培养基的菌落数=5个平板的菌落平均数/单个平板面积（cm²）×100。

2. 根据奥梅梁斯基计算法，推算出每100cm²培养基在空气中暴露5min，其表面接受自然沉降的细菌相当于10L空气所含细菌数。本次实验暴露时间是15min，所以计算出的100cm²培养基上菌落数相当于30L空气的细菌数，1m³空气的细菌数即相当于1000L空气的细菌数。将100cm²培养基上的菌落数带入以下公式，即可换算出每立方米空气中的细菌总数：每立方米空气中活菌数=100（cm²）培养基的菌落数/30×1000。

【注意事项】

1. 平皿直径不宜小于9cm。

2. 选择采样点时应尽量避开空调、门窗等气流变化较大之处，离墙壁距离应大于0.5m，整个过程应注意无菌操作。

3. 采样中打开皿盖时可将皿盖扣置于皿底之下，切忌皿盖向上暴露于空气中，因为这样会影响采样结果。采样结束时，应按开启皿盖的顺序盖上皿盖。

4. 采样点的数量根据监测室内面积大小和现场情况而确定。原则上小于50m²的房间应设（1~3）个点；50~100m²设（3~5）个点；100m²以上至少设5个点。在对角线上或梅花式均匀分布。

二、土壤中细菌的检查法

土壤能为细菌的生长繁殖提供丰富的碳源、氮源、无机盐等营养物质与条件，因此细菌可在土壤内长期存在，主要存在于离地面10~20cm的土层。土壤中大多为非致病性细菌，与自然界中的物质循环有很大关系。但土壤有时可被随粪便排出的人或动物肠道致病菌污染，这些细菌可在土中生存几十天。肠道中具有芽孢的破伤风梭菌、产气荚膜梭菌等病原菌对外环境抵抗力强，在土壤中可存活数年。将采集的土壤样品接种于培养基内，培养后观察细菌的生长现象，可以反映土壤内细菌的种类及数量。

【实验材料】

1. 样本　土壤样本。

2. 培养基　营养肉汤培养基（5ml/管）。

3. 试剂与器材　无菌生理盐水（10ml/管）、无菌吸管、橡皮吸头、记号笔、恒温培养箱等。

【实验方法】

1. 取距地表10cm深处的土壤1g，置于10ml无菌生理盐水管内，振荡摇匀，静置10~15min使大颗粒沉淀。

2. 用无菌吸管取静置后的澄清液1ml，加入5ml营养肉汤管，标记为实验管。

3. 另取1支营养肉汤管不加样，标记为对照管。

4. 将两支培养物置于恒温培养箱内37℃培养，18～24h后观察结果。

【实验结果】

1. 小心拿取培养物，不可摇动。

2. 与对照管比较，观察实验管细菌的生长现象。

3. 根据细菌的生长现象，判断是否有菌生长，结果参照表7-1记录。

表7-1　土壤中细菌检查的结果

	实验管	对照管
生长现象	表面生长 均匀混浊生长 沉淀生长	澄清透明

【注意事项】

1. 土壤标本需要于无菌生理盐水中静置10～15min。

2. 接种标本时需要取静置后澄清的上层液，不可取到土壤颗粒，若晃动导致混浊，则需要重新静置方可再取。

三、物体表面细菌的检查

暴露于自然界的不同物体，可由于空气流动及人体接触等而受到细菌污染。采集物体表面标本进行分离培养，可观察到细菌的存在。

【实验材料】

1. 培养基　营养琼脂平板。

2. 试剂与器材　无菌生理盐水、无菌棉签、记号笔、恒温培养箱等。

【实验方法】

1. 取营养琼脂平板1块，用记号笔在平板底部玻璃上划分为4区，分别标记为1、2、3、4。

2. 用无菌棉签蘸无菌生理盐水后，分别在物体（如书包、桌面、钱币等）表面涂擦数次，将各无菌棉签分别在营养琼脂平板上不同标记区域划线接种。

3. 另取一块营养琼脂平板不接种样品，标记为阴性对照。

4. 将各平板置恒温培养箱内37℃培养，18～24h后观察结果。

【实验结果】

观察在营养琼脂平板不同区域的细菌生长现象，计数每个区域的菌落数，结果参照表7-2记录菌落的特征和数量。

表7-2 物体表面细菌检查的结果

物体名称	菌落特征	菌落数量
桌面	直径1mm、灰白色、圆形、边缘整齐、表面光滑、半透明	2
	直径0.5mm、金黄色、圆形、边缘整齐、表面光滑、不透明	5

【注意事项】

用无菌棉签划线接种时不可用力过大，以免划破培养基。

（王梅竹）

实验68 人体表面微生物的检查

人体的细菌来自环境，在正常人的体表及与外界相通腔道内寄居有不同种类和数量的微生物，正常生理情况下不引起宿主疾病，属于人体的正常菌群。根据正常菌群寄居部位不同，以不同方法采集不同部位的标本进行分离培养，可了解相应部位微生物的存在情况。

一、皮肤上细菌的检查

【实验材料】

1. 培养基 营养琼脂平板。

2. 试剂与器材 无菌生理盐水、无菌棉签、记号笔、恒温培养箱等。

【实验方法】

1. 取营养琼脂平板2个，标记1和2。其中1为对照，不接种标本。

2. 用无菌棉签蘸取无菌生理盐水后，涂擦手指皮肤数次，采集皮肤拭子标本。

3. 将拭子标本以划线法接种于营养琼脂平板2的表面。

4. 将2个平板置于恒温培养箱内37℃培养18~24h后，观察结果。

【实验结果】

1. 与对照平板比较，观察接种标本的平板上是否有细菌生长。

2. 计数平板上的菌落数，将菌落的特征和数量参照表7-3记录。

表7-3 皮肤上的细菌检查结果

菌落特征	菌落数量
直径1mm、灰白色、圆形、边缘整齐、表面光滑、半透明	3

【注意事项】

1. 用无菌棉签划线接种时不可用力过大，以免划破琼脂。

2. 无菌棉签取标本面与接种面必须相同，以保证接种成功。

二、牙垢中细菌的检查

【实验材料】

1. 染色液 革兰氏染色液。

2. 试剂与器材 无菌生理盐水、消毒牙签、清洁载玻片等。

【实验方法】

1. 用接种环取一环无菌生理盐水，置于清洁载玻片中央。

2. 用一支消毒牙签剔取齿缝中牙垢少许，将其与载玻片上生理盐水混合并研磨均匀，制得牙垢涂片。

3. 置室温自然干燥后，于酒精灯外焰处来回通过3次以固定涂片，革兰氏染色后在显微镜油镜下观察。

【实验结果】

观察细菌的染色性和形态，初步判断细菌的类别，记录结果。

【注意事项】

挑取牙垢时避免表面的食物残渣，必要时可以先剔除表面的食物残渣，再取齿缝内的牙垢。

三、咽喉部细菌的检查

【实验材料】

1. 培养基 血琼脂平板。

2. 试剂与器材 无菌棉签、恒温培养箱等。

【实验方法】

1. 拭子法 取无菌棉签1支，轻柔、迅速地擦拭咽部，以划线法接种于血琼脂平板，置37℃恒温培养箱中培养，18～24h后观察结果。

2. 咳喋法 打开血琼脂平板盖，将平板面对口腔，置于距口腔10cm处，对准平板用力咳嗽4～5次，盖好平板盖，置于37℃恒温培养箱中培养，18～24h后观察结果。

【实验结果】

观察血琼脂平板上有无细菌生长，并记录菌落的特征及数量。

【注意事项】

注意取标本过程中要严格无菌操作，咳嗽时尽量不要将唾液喷于血琼脂平板上。

（王梅竹）

实验69　理化及生物因素对微生物生长的影响

某些物理因素（如温度、紫外线等）、化学药品及抗生素等可影响微生物的生长繁殖及其理化过程，不良的理化和生物因素可使微生物的生长受抑制或导致死亡。

一、物理因素对细菌的影响

对细菌生长繁殖有影响的物理因素颇多，如温度、干燥、声波、过滤、辐射等。常用来杀灭细菌的是高温，其中高压蒸汽灭菌法使用较简便、灭菌效果最可靠，在微生物学工作上及医院中经常使用。

（一）高温对细菌生长的影响

高温对细菌有明显的致死作用，主要机制是造成菌体蛋白质与核酸变性或凝固、使酶丧失活性。常用的热力杀菌法主要包括煮沸法、高压蒸汽灭菌法、焚烧法、烧灼法、干烤法等。

【实验材料】

1. 样本　枯草杆菌24～48h肉汤培养物、大肠埃希菌18～24h肉汤培养物。

2. 培养基　营养肉汤培养基（5ml/管）。

3. 器材　电炉、高压蒸汽灭菌器、烧杯、无菌吸管、标签纸。

煮沸杀菌法

【实验方法】

1. 取4支营养肉汤培养基管，在标签纸上做标记。2支标记枯草杆菌，2支标记大肠埃希菌。

2. 用无菌吸管取枯草杆菌肉汤培养物0.1ml，接种于相应标记的2支营养肉汤培养基。同样方法取大肠埃希菌，接种于另2支相应标记的营养肉汤培养基。

3. 分别取接种了枯草杆菌、大肠埃希菌的肉汤管各1支，标记"煮沸"字样，置于沸水浴中5min。

4. 另取接种了枯草杆菌、大肠埃希菌的肉汤管各1支，做好标记但不加热作为对照组。

5. 将4支肉汤管置恒温培养箱内37℃培养18～24h，观察结果。

【实验结果】

观察沸水浴5min组和对照组肉汤管内的细菌生长现象，结果参照表7-4记录。

表7-4　煮沸对细菌的影响

菌种名称	对照组	沸水浴5min组
枯草杆菌	表面生长，菌量较多	表面生长，菌量较少
大肠埃希菌	均匀混浊生长，菌量较多	未见细菌生长

【注意事项】

1. 严格无菌操作，做好标记。

2. 沸水浴时的水面应超过管内液面。

高压蒸汽灭菌法

【实验方法】

1. 取4支营养肉汤培养基管，在标签纸上做好标记。2支标记枯草杆菌，2支标记大肠埃希菌。

2. 用无菌吸管取枯草杆菌肉汤培养物0.1ml，接种于相应标记的2支营养肉汤培养基。同样方法取大肠埃希菌，接种于另2支相应标记的营养肉汤培养基。

3. 分别取接种了枯草杆菌、大肠埃希菌的营养肉汤培养基管各1支，标记"103.4kPa"字样，进行高压蒸汽灭菌15min。

4. 另取接种了枯草杆菌、大肠埃希菌的营养肉汤培养基管各1支，做好标记但不加热作为对照组。

5. 将4支营养肉汤培养基管置恒温培养箱内37℃培养18～24h，观察结果。

【实验结果】

观察高压蒸汽灭菌组和对照组各营养肉汤培养基管内的细菌生长现象，结果参照表7-5记录。

表7-5 高压蒸汽灭菌对细菌的影响

菌种名称	对照组	高压蒸汽灭菌组
枯草杆菌	表面生长，菌量较多	未见细菌生长
大肠埃希菌	均匀混浊生长，菌量较多	未见细菌生长

【注意事项】

高压蒸汽灭菌升温过程中要注意观察温度指示，达到要求的温度后，立即转为稳压状态，以免高压锅内压力持续升高而发生爆炸等危险。

（二）滤过除菌

液体或气体通过含有微细小孔的滤菌器，细菌等大于滤膜孔径的颗粒不能通过，据此可以达到除菌目的。滤过除菌法主要用于一些不耐热液体（如血清、毒素、抗生素、药液等）和空气的除菌，但不能除去病毒、支原体和L型细菌。滤菌器的种类很多，常用包括薄膜滤菌器、石棉滤菌器、素陶瓷滤菌器等。

【实验材料】

1. 样本 自然水的样本10ml（河水、井水、池塘水或其他）。

2. 培养基 营养肉汤培养基（5ml/管）。

3. 滤菌器　无菌针头式滤菌器（滤膜孔径0.22μm）。

4. 试剂与器材　营养肉汤培养基管、无菌吸管、无菌注射器（10ml规格）、记号笔、无菌试管等。

【实验方法】

1. 取3支营养肉汤培养基管，分别标记1、2、3。

2. 用注射器取自然水的样品5～10ml，无菌操作下将无菌注射器与滤菌器入口端连接，推动注射器将水样过滤于无菌试管内。

3. 用无菌吸管取0.5ml滤过的水样，加入1号营养肉汤培养基管。

4. 用无菌吸管取0.5ml未经过滤的自然水样加入2号营养肉汤培养基管，作为阳性对照；3号营养肉汤培养基管不加水样，作为阴性对照。

5. 将3支营养肉汤培养基管置于恒温培养箱内37℃培养24h，观察结果。

【实验结果】

观察接种滤过水样、阳性对照及阴性对照营养肉汤培养基管内细菌的生长现象并记录结果。

【注意事项】

1. 确保滤菌器闭合及其与注射器连接紧密，避免水样从滤器外流出，影响实验结果。

2. 严格无菌操作。

（三）紫外线的杀菌作用

波长在200～300nm范围的紫外线具有杀菌作用，其中265～266nm与DNA的吸收光谱范围一致，因此杀菌作用最强。紫外线照射可使DNA链上相邻的两个胸腺嘧啶共价结合形成二聚体而干扰DNA的复制与转录，也可通过破坏蛋白质的氢键与二硫键，从而导致细菌死亡或变异。

紫外线穿透力较弱，普通玻璃、纸张、水蒸气等均可阻挡紫外线。所以，紫外线只能用于物体表面及小范围空气的消毒，如手术室、无菌实验室、无菌操作台等。紫外线对DNA与蛋白质的作用没有生物特异性，杀菌波长的紫外线对人体的皮肤、眼睛也有损伤作用，使用时应注意防护。

【实验材料】

1. 样本　大肠埃希菌18～24h肉汤培养物。

2. 培养基　营养琼脂平板。

3. 器材　紫外线灯、无菌棉签、灭菌的半圆形滤纸片（面积略大于7cm直径平皿的一半）、镊子等。

【实验方法】

1. 取2块营养琼脂平板，用无菌棉签蘸取大肠埃希菌18～24h的肉汤培养物均匀涂布于2个平板上。

2. 将1个平板打开，无菌操作用镊子将灭菌的半圆形滤纸片遮盖1/2平板，置于紫外线灯下约30cm处。

3. 将另1个平板打开，用平皿盖遮盖1/2平板，置于紫外线灯下约30cm处。

4. 开启紫外线灯照射30min。

5. 关闭紫外线灯，无菌操作下取出滤纸片，盖好2个平板，置于恒温培养箱内37℃培养18～24h，观察结果。

【实验结果】

观察2个营养琼脂平板上的细菌生长情况并记录结果。

【注意事项】

1. 无菌棉签涂抹的菌液要均匀，用力要适度，避免擦破培养基。

2. 开启紫外线灯后，人不可暴露于紫外线灯下。

二、化学因素对细菌的影响

化学因素主要是指化学消毒剂和化学治疗剂，具有抑制或杀灭细菌的作用。化学消毒剂的种类很多，杀菌机制各不相同，主要通过影响细菌的细胞膜、蛋白质与核酸、代谢酶活性的机制发挥防腐、消毒甚至灭菌的作用。

（一）消毒剂的杀菌作用

【实验材料】

1. 样本 金黄色葡萄球菌、大肠埃希菌的18～24h肉汤培养物。

2. 培养基 营养琼脂平板。

3. 消毒剂 0.1%苯扎溴铵、2%甲酚皂溶液、5%苯酚、2.5%碘酒。

4. 器材 无菌棉签、无菌滤纸片、眼科镊、直尺、恒温培养箱等。

【实验方法】

1. 取2个营养琼脂培养基平板，在平板底面玻璃上分别标记金黄色葡萄球菌、大肠埃希菌。

2. 分别用无菌棉签蘸取金黄色葡萄球和大肠埃希菌的菌液，均匀涂布接种于相应标记的营养琼脂培养基平板表面。

3. 用眼科镊以无菌操作法夹取无菌滤纸片，浸于0.1%苯扎溴铵、2%甲酚皂溶液、5%苯酚、2.5%碘酒消毒剂内，分别制成含不同消毒剂的纸片。

4. 取出纸片时，在容器壁上稍停留，去除多余的消毒剂。分别贴纸片于接种细菌的培养基表面，做好消毒剂名称的标记。两纸片间距不小于20mm，纸片中心距平皿边缘不小于10mm。

5. 将贴有纸片的平板置恒温培养箱内，37℃培养18～24h。

【实验结果】

观察各纸片周围的抑菌圈及其大小，用直尺测量抑菌圈直径并记录结果。

【注意事项】

纸片上消毒剂的含量、培养基厚度、接种菌量及均匀程度等因素均可影响抑菌圈的大小。

（二）碘酒与乙醇的杀菌作用

【实验材料】

1. 培养基 营养琼脂平板。

2. 消毒剂 2.5%碘酒、75%乙醇。

3. 试剂与器材 无菌棉签、无菌生理盐水、记号笔、恒温培养箱等。

【实验方法】

1. 取营养琼脂平板1个，用记号笔在其玻璃皿底面分为3个区域，并标记1、2、3。

2. 用无菌棉签蘸取无菌生理盐水润湿食指的指端腹侧皮肤，将该指皮肤直接在普通营养琼脂培养基平板1区域以"Z"字形涂布。

3. 用无菌棉签蘸取75%乙醇消毒中指的指端腹侧皮肤，待乙醇挥发后，将该指皮肤直接在普通营养琼脂培养基平板2区域以"Z"字形涂布。

4. 用无菌棉签蘸取2.5%碘酒消毒无名指的指端腹侧皮肤，再用另一无菌棉签蘸取75%乙醇脱碘，待乙醇挥发后，用该指皮肤直接在营养琼脂平板3区域以"Z"字形涂布。

5. 将各营养琼脂平板置恒温培养箱内，37℃培养18~24h。

【实验结果】

观察平板上的细菌生长现象并记录结果。

【注意事项】

对手指皮肤进行盐水与消毒剂的处理，需要在教师指导下按照皮肤消毒方法的进行规范操作。

三、生物因素对细菌的影响

在微生物与微生物、微生物与宿主之间存在不同程度的共生与拮抗现象，即某种微生物的生长繁殖可受到另一种微生物的促进或抑制。细菌的生长繁殖也可受到其他细菌或微生物的某些代谢产物影响，对细菌产生促进或抑制作用。

抗生素抑菌实验

抗生素是某些微生物代谢过程中产生的极微量就能抑制或杀死某些其他微生物或肿

瘤细胞的化学物质。抗生素是临床治疗感染性疾病常用的药物，其抗菌活性可通过抑菌实验来检测。

【实验材料】

1. 样本　金黄色葡萄球菌、大肠埃希菌的18～24h肉汤培养物。

2. 培养基　营养琼脂平板。

3. 抗生素纸片　分别含青霉素、链霉素、庆大霉素的药敏纸片。

4. 试剂与器材　95%乙醇、无菌棉签、眼科镊、直尺、恒温培养箱等。

【实验方法】

1. 取营养琼脂平板2个，在平板底面的玻璃上分别标记金黄色葡萄球菌、大肠埃希菌字样。

2. 分别用无菌棉签蘸取金黄色葡萄球菌、大肠埃希菌的菌液，均匀涂布接种于相应标记的营养琼脂平板表面。

3. 用眼科镊蘸取95%乙醇，点燃后待其自然熄灭，反复3次烧灼灭菌。

4. 用灭菌眼科镊分别夹取药敏纸片，平放于涂菌的营养琼脂平板表面。两纸片的间距不少于20mm，纸片中心距平板边缘不少于10mm，并分别做好标记。

5. 将贴有药敏纸片的平板置恒温培养箱内，37℃培养18～24h。

【实验结果】

观察各药敏纸片周围的抑菌圈及其大小，抑菌圈的边缘以肉眼见不到细菌明显生长为限。分别测量各抑菌圈直径并记录结果。

【注意事项】

纸片所含药物的浓度、接种菌量及均匀程度、培养条件、细菌的药物敏感性等因素均能影响抑菌圈的形成及大小。

（王梅竹）

实验70　水中细菌总数和大肠菌群的测定

河水、湖水、井水等水体中含有许多细菌，这些细菌主要来自表层土壤、空气尘埃和动植物体。如果人和动物的粪便等处理不当，水源有被肠道病原菌污染的可能，因而有造成伤寒、痢疾或霍乱等肠道传染病流行的风险。

水的微生物学检验，特别是肠道细菌的检验，在保证饮水安全和控制传染病上有着重要意义，同时也是评价水质状况的重要指标。我国《生活饮用水卫生标准》（GB5749-2006）规定，每100ml饮用水中不得检出大肠菌群，细菌总数1ml不超过100个。本章主要介绍水中细菌总数和大肠菌群的检测。

一、水中细菌总数的测定

细菌总数是指1ml或1g检样中所含细菌菌落的总数，所用的方法是稀释平板计数法，由于计算的是平板上形成的菌落数，故其单位应是cfu/g（ml），它反映的是检样中活菌的数量。

【实验材料】

1. 样本　自来水、纯净水、池水等。

2. 培养基　营养琼脂培养基。

3. 试剂与器材　无菌生理盐水、无菌带塞三角瓶、直径9cm的无菌平皿、无菌吸管、无菌试管、橡皮吸头、记号笔、恒温培养箱等。

【实验方法】

1. 自来水的取样，先将自来水龙头用酒精棉擦拭，再用酒精灯火焰灭菌，打开龙头放水1～2min，用无菌带塞三角瓶接取水样200ml。

2. 纯净水取样，用酒精棉擦拭纯水机出口后，先放走部分水，再用无菌带塞三角瓶接取水样200ml。

3. 池水、河水或湖水应取距水面10～15cm的深层水样，先将无菌带塞三角瓶，瓶口向下浸入水中，然后翻转过来，除去玻璃塞，水即流入瓶中，盛满后，将瓶塞盖好，再从水中取出。如果不能在2h内检测的，需要放入冰箱中保存。

4. 按无菌操作法，将水样做10倍系列稀释。

5. 根据对水样污染情况的估计，选择2～3个适宜稀释度（饮用水如自来水、深井水等，一般选择1∶1、1∶10两种浓度；水源水如河水等，比较清洁的可选择1∶10、1∶100、1∶1000三种稀释度；污染水选择1∶100、1∶1000、1∶10000三种稀释度），吸取1ml稀释液于无菌平皿内，每个稀释度做2个重复。

6. 将熔化并冷却到45℃左右的营养琼脂培养基注入无菌平皿，每皿约15ml，并趁热平稳摇动平皿混合均匀。

7. 待琼脂凝固后，将平板倒置于37℃培养箱内培养48h后取出，计算平板内菌落数目，乘以稀释倍数，即得1ml水样中所含的细菌菌落总数。

【实验结果】

1. 计算方法　做平板菌落计数时，可用肉眼观察，必要时用放大镜检查，以防遗漏。在记下各平板的菌落数后，算出同稀释度的各平板平均菌落数。

2. 计数的报告

（1）平板菌落数的选择：选取菌落数在30～300的平板作为菌落总数测定标准。一个稀释度使用两个重复时，应选取两个平板的平均数。如果一个平板有较大片状菌落生长时，则不宜采用，而应以无片状菌落生长的平板计数作为该稀释度的菌落数。若片状菌落不到平板的一半，而其余一半中菌落分布又很均匀，可计算半个平板后乘2以代表整个平板的菌落数。

（2）稀释度的选择

1）应选择平均菌落数在30～300的稀释度，乘以该稀释倍数报告之。

2）若有两个稀释度，其生长的菌落数均在30～300，则视二者之比值来决定。若其比值小于2，应报告其平均数；若比值大于2，则报告其中稀释度较小的菌落总数。

3）若所有稀释度的平均菌落均大于300，则应按稀释度最高的平均菌落数乘以稀释倍数报告。

4）若所有稀释度的平均菌落数均小于30，则应按稀释度最低的平均菌落数乘以稀释倍数报告。

5）若所有稀释度的平均菌落数均不在30～300，则以最接近30或300的平均菌落数乘以该稀释倍数报告。

6）若所有稀释度均无菌落生长，则以未检出报告。

7）如果所有平板上都菌落密布，应在稀释度最大的平板上，数2个平板$1cm^2$中的菌落数，除2算出每平方厘米内平均菌落数，乘以皿底面积$63.6cm^2$，再乘其稀释倍数作报告。

8）菌落计数的报告：菌落数在100以内时按实有数报告，大于100时四舍五入后采用两位有效数字，数字后面的零数可用10的指数来表示。

【注意事项】

1. 平皿直径不宜小于9cm。

2. 整个过程应注意无菌操作。

二、水中大肠菌群的测定

大肠菌群是指一群在37℃条件下培养24h能发酵乳糖、产酸产气、需氧和兼性厌氧的革兰氏阴性无芽孢杆菌。水中大肠菌群的检测方法有多管发酵法、滤膜法和酶底物法，本实验采用的是酶底物法中的10管法。总大肠菌群酶底物法是指在选择培养基上能产生β-半乳糖苷酶的细菌群组，该细菌群组能分解色原底物释放出色原体使培养基呈现颜色变化，以此技术来检测水中大肠菌群的方法。

【实验材料】

1. 样本 自来水、纯净水、池水等。

2. 培养基 MMO-MUG培养基。

3. 试剂与器材 无菌生理盐水、无菌带塞三角瓶、无菌吸管、无菌试管、橡皮吸头、记号笔、恒温培养箱等。

【实验方法】

1. 自来水的取样，先将自来水龙头用酒精棉擦拭，再用酒精灯火焰灼烧灭菌，打开龙头放水1～2min，用无菌带塞三角瓶接取水样200ml。

2. 纯净水取样，用消毒酒精棉擦拭纯水机出口后，先放走部分水，再用无菌带塞三角瓶接取水样200ml。

3. 池水、河水或湖水应取距水面10～15cm的深层水样，先将无菌带塞三角瓶瓶口向下浸入水中，然后翻转过来，除去玻璃塞，水即流入瓶中，盛满后，将瓶塞盖好，再从水中取出。如果不能在2h内检测，需要放入4℃冰箱中保存。

4. 无菌操作取100ml水样装入无菌带塞三角瓶中，若水样污染严重可取10ml水样加到90ml无菌生理盐水中进行稀释，必要时可加大稀释度。

5. 将待测的100ml水样加入（2.7±0.5g）MMO-MUG培养基粉末，混摇均匀使之完全溶解，再用无菌吸管吸取10ml分别加到10支无菌试管中，放入37℃恒温培养箱内培养24h。

【实验结果】

1. 培养24h后进行结果判读，如果试管内水样变成黄色则为阳性反应，表示试管中含有大肠菌群。

2. 如果结果为可疑阳性，可延长培养时间到28h再进行结果判读，超过28h之后出现的颜色反应不作为阳性结果。

3. 计算阳性反应的试管数，对照表7-6查出其代表的总大肠菌群最可能数（most probable number，MPN），若检测的是稀释过的水样要乘以相应的稀释倍数。结果以MPN/100ml表示。如所有管未产生黄色，则可报告为未检出大肠菌群。

表7-6　10管法不同阳性结果的最可能数（MPN）及95%可信范围

阳性试管数	总大肠菌群（MPN/100ml）	95%置信区间	
		下限	上限
0	<1.1	0	3.0
1	1.1	0.03	5.9
2	2.2	0.26	8.1
3	3.6	0.69	10.6
4	5.1	1.3	13.4
5	6.9	2.1	16.8
6	9.2	3.1	21.1
7	12.0	4.3	27.1
8	16.1	5.9	36.8
9	23.0	8.1	59.5
10	>23.0	13.5	—

【注意事项】

整个过程应注意无菌操作。

（王梅竹　张峥嵘）

第三篇　综合性训练

第八章　综合性实验

实验71　病原性球菌感染的检查

根据各种病原性球菌的生物学特性不同，通过直接涂片镜检、分离培养、生化反应及血清学实验等方法，可从标本中分离鉴定病原性球菌。其不但可向临床提供化脓性感染的诊断依据，而且可进行病原菌的药物敏感实验，为抗生素的选择提供参考。

【实验材料】

1. 样本　无菌操作采集的脓汁样本、血液样本、脑脊液样本、痰液样本或咽喉部分泌物样本。

2. 培养基　血琼脂平板、巧克力色血琼脂平板、营养肉汤培养基、各种类型的生化反应管。

3. 试剂与器材　革兰氏染色液、细菌鉴定与诊断血清、酒精灯、接种环、恒温培养箱等。

【实验方法】

1. 样本采集与处理

（1）脓汁样本：用无菌棉签取患者病灶深部的少许脓汁，置于无菌试管内立即送检。

（2）痰液样本：患者咳出支气管深部的痰液，置无菌容器内立即送检。

（3）咽喉部分泌物样本：用无菌棉签取患者咽喉部分泌物，置无菌试管内立即送检。

（4）血液样本：无菌操作采集患者的静脉血液5～10ml，直接注入50～100ml营养肉汤培养基内，摇匀后立即送检。

（5）脑脊液样本：行腰椎穿刺取脑脊液2～3ml，置无菌试管内立即送检。

2. 检查程序　根据检查的要求和目的，按图8-1所示的步骤进行实验。

【实验结果】

参照本书第一章第十节实验26～28内容观察检查结果。

【注意事项】

1. 上述实验程序只表明病原性球菌的一般检查原则，在实际工作中，应根据临床提供的初步诊断进行具体的检查。

2. 疑似菌血症的患者，一般应在发病初期或体温上升期采血；原则上在未使用抗生素前采血，对已使用抗生素治疗的患者可在下次给药前采血。

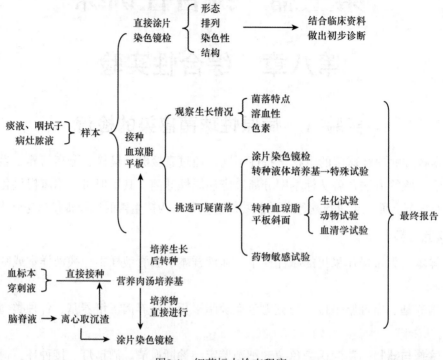

图8-1 细菌标本检查程序

3. 疑似淋病或流行性脑脊髓膜炎患者，样本送检时要注意保温。应选用巧克力色血琼脂平板进行培养，所用的培养基要提前放入培养箱内预温。培养时应提供$5\%\sim10\%CO_2$气体条件。

4. 根据脓汁标本的情况，必要时应考虑厌氧性细菌或L型细菌的感染与检查。

（綦廷娜）

实验72 病原性肠道杆菌感染的检查

肠道中有多种细菌寄生，包括大量的厌氧菌和大肠埃希菌、产气肠杆菌（*Enterobacter aerogenes*）、普通变形杆菌（*Proteus vulgaris*）、肺炎克雷伯菌（*Klebsiella pneumoniae*）等，本实验主要介绍粪便标本中病原性肠道杆菌的检查。根据肠道杆菌的生物学特性，通过选择分离培养、生化反应及血清学实验等方法，可从感染者的粪便标本中分离鉴定病原性肠道杆菌。

【实验材料】

1. 样本 无菌采集的粪便标本。

2. 培养基 SS琼脂平板、中国蓝琼脂平板、半固体双糖铁琼脂培养基、生化反应管。

3. 试剂与器材 病原性肠道杆菌鉴定或诊断血清、恒温培养箱、记号笔、接种环、酒精灯等。

【实验方法】

1. 样本的采集

（1）在患者急性期与使用抗生素之前，采集粪便或肛拭子样本。

（2）注意采集病变明显部位的粪便，如采集菌痢患者的黏液与脓血便。

（3）样本立即送检，或保存于30%的甘油盐水缓冲液中尽快送检。

2.实验程序

（1）分离培养：分别以划线接种法将粪便标本接种于SS琼脂平板和中国蓝琼脂平板上，在培养箱内37℃培养18～24h，观察细菌生长现象。

（2）生化鉴定：选取可疑病原菌的菌落转种至半固体双糖铁琼脂培养基，在培养箱内37℃培养18～24h，观察生长现象，初步判断该菌的菌属。将初步鉴定的菌种分别转种至多种生化反应管，培养后观察细菌的生长现象，进一步判断该菌的菌属及菌种。

（3）血清学鉴定：用特异性诊断血清与分离菌做玻片凝集实验或试管凝集实验鉴定与分型。

【实验结果】

分离培养

（1）SS琼脂平板：可见2种菌落。红色菌落：较大，为非致病菌的菌落；无色或淡黄色菌落：较小，透明或半透明，为可疑病原菌的菌落。

（2）中国蓝琼脂平板：可见2种菌落。蓝色菌落：较大，不透明，为非致病菌的菌落；淡红色菌落：较小，透明或半透明，为可疑病原菌的菌落。

根据表8-1和表8-2的内容，分析与判定常见肠道致病菌的菌属及菌种。

表8-1 常见肠道杆菌在半固体双糖铁琼脂培养基生长现象的结果判定

葡萄糖	乳糖	动力	H$_2$S	脲酶	结果判定
⊕	+	+	–	–	一般为肠道非致病菌
⊕	+	–	–	–	
⊕	–	+	+	+	普通变形杆菌
+	–	–	–	–	志贺菌
+	–	+	–	–	伤寒沙门菌
⊕	–	+	–	–	甲、乙型副伤寒沙门菌

注：+，产酸或阳性；–，阴性；⊕，产酸产气。

表8-2 常见肠道杆菌主要生化反应结果简表

菌种	H$_2$S	动力	葡萄糖	乳糖	甘露醇	吲哚	甲基红	V-P	柠檬酸盐	脲酶	备注
大肠埃希菌	–	+	⊕	⊕	⊕	+	+	–	–	–	
产气肠杆菌	+	+	⊕	⊕	⊕	–	–	+	+	–	
肺炎克雷伯菌			⊕	⊕						+	

续表

菌种	H₂S	动力	葡萄糖	乳糖	甘露醇	吲哚	甲基红	V-P	柠檬酸盐	脲酶	备注
普通变形杆菌	+	+	⊕	−	−	+	+	−	−	+	a
伤寒沙门菌	+	+	+	−	−	+	+	−	+	−	
甲型副伤寒沙门菌	−	+	⊕	−	⊕	−	+	−	+	−	b
乙型副伤寒杆菌	+	+	⊕	−	⊕	−	+	−	+	−	c
痢疾志贺菌	−	−	+	−	−	−	+	−	−	−	
福氏志贺菌	−	−	+	−	⊕	+	+	−	−	−	
宋内志贺菌	−	−	+	+	⊕	−	+	−	−	−	

注：a，迁徙生长；b，木胶糖（−）；c，木胶糖（+）；+，产酸或阳性；−，阴性；⊕，产酸产气。

【注意事项】

1. 采集粪便样本时注意勿使样本与尿液混合。

2. 标本应及时送检，如果不能及时送检，可用含20%甘油的缓冲盐水低温保存。

（陈峥宏）

实验73　皮肤真菌感染的检查

皮肤癣菌（dermatophytes）是引起皮肤浅部感染的常见真菌，包括毛癣菌属、表皮癣菌属和小孢子菌属的许多菌种。实验室检查需要取患者病变部位组织标本，直接镜检观察真菌菌丝与孢子，根据其镜下形态特征可初步诊断，必要时需要进行真菌的分离培养与鉴定。

【实验材料】

1. 样本　疑似癣症患者的病发或病灶皮屑。

2. 试剂与器材　10%KOH、小镊子、载玻片、盖玻片、酒精灯等。

【实验方法】

1. 将病发或病灶皮屑样本放于载玻片上，加1～2滴10% KOH，覆以盖玻片。

2. 在酒精灯火焰上方加热软化样本，注意避免标本被烤干，可随时添加10% KOH，标本软化至用镊子轻压盖玻片可形成单层薄片，即可进行观察。

3. 分别在显微镜的低倍镜与高倍镜下观察菌丝与孢子。

【实验结果】

若在角质细胞间看到典型形态的菌丝与孢子，可诊断为真菌感染，必要时可进行真菌分离培养与鉴定。

【注意事项】

1. 观察菌丝和孢子时，注意与表皮细胞、纤维、气泡等相鉴别。

2. 阴性结果不能完全排除真菌感染，需要复查。

3. 避免10% KOH接触镜头造成镜头的腐蚀与损坏。

（赵　亮）

第四篇　设计性训练

第九章　设计性实验

实验74　发酵食品中肠道益生菌的分离培养与鉴定

肠道益生菌是一类定植于宿主肠道内，能产生确切健康功效从而改善宿主微生态平衡、发挥对肠道有益作用的活性有益微生物的总称。人体肠道内有益的细菌或真菌主要有酪酸梭菌、双歧杆菌、乳杆菌、放线菌、酵母菌等。益生菌的核心特征是数量足够、活菌状态和有益健康功能。

目前，益生菌在食品中主要应用于乳制品、发酵果蔬制品、保健食品、婴幼儿配方食品、饮料等。在国家"健康中国"战略、食品工业健康转型及技术创新的多方驱动下，益生菌产业已成为我国食品工业中增长较快、创新密集的产业，同时，益生菌在医学领域的应用也不断增多。

自古以来，我国就有多种民间自制的谷物、蔬菜、牛奶、肉类、茶叶和豆类在内的一系列发酵产品，这些民间传统发酵食品中的益生菌种质资源尚有待挖掘。

【实验目的】

1. 了解发酵食品中益生菌的种类、主要生物学特性和益生功能。

2. 熟悉样本中益生菌分离培养和鉴定的程序及基本方法。

3. 进一步了解和掌握科研的基本思路和基本过程，熟练掌握微生物学常用实验技术和仪器设备的使用。

【实验要求】

运用已掌握的基本知识、基本原理和实验技能：

1. 查阅相关文献，了解相关知识。

2. 确定技术路线，拟定实验步骤。

3. 完成实验操作、观察并记录实验结果。

4. 整理数据、绘制图表、分析实验结果。

5. 参考某一科技核心期刊实验研究类论文的撰写格式，撰写一篇完整的论文，包括题目、作者及单位、中英文摘要、关键词、前言、材料和方法、结果、讨论及参考文献。

（陈峥宏）

实验75　自然界中噬菌体的分离纯化与效价测定

噬菌体（phage）是一类专性寄生于细菌和放线菌等微生物的病毒。噬菌体分布极广，凡是有细菌的场所，就可能有相应噬菌体的存在。例如，在土壤中可找到土壤细菌的噬菌体；在脓汁中可找到化脓性细菌的噬菌体；在人和动物的排泄物中，特别是粪便及其污染的井水、河水中，常含有肠道菌的噬菌体。分离噬菌体常用的方法有滤过法和加热法。

根据噬菌体与宿主菌的关系，可分为毒性噬菌体和温和噬菌体两类。毒性噬菌体侵染敏感细菌后会迅速引起细菌裂解，释放出大量子代噬菌体，然后子代噬菌体再扩散和侵染周围的菌细胞，最终可使含有噬菌体敏感菌的悬液由混浊逐渐变清，或在含有噬菌体敏感细菌的平板上出现肉眼可见的空斑——噬菌斑。据此，可以采用试管法和双层琼脂平板法测定噬菌体的效价，即1ml样品中所含噬菌体的粒子数。

【实验目的】

1. 了解噬菌体与宿主菌的关系。

2. 熟悉噬菌体的分离纯化与效价测定方法。

3. 进一步了解和掌握科研的基本思路和基本过程，熟练掌握微生物学常用实验技术和仪器设备的使用。

【实验要求】

运用已掌握的基本知识、基本原理和实验技能：

1. 提出实验的具体方案、拟定实验步骤。

2. 选定仪器设备。

3. 独立完成操作、记录实验数据、绘制图表、分析实验结果。

4. 从实验方法的建立、实验步骤的设计、实验材料的选择、实验数据的处理、实验结果及分析讨论、噬菌体的应用等方面写出报告及总结体会。

（王　涛）

实验76　呼吸道病原体感染的检查

呼吸道感染是由于病原微生物侵入呼吸道并进行生长繁殖而导致的疾病，根据感染部位不同分为上呼吸道感染和下呼吸道感染。上呼吸道感染包括鼻炎、咽炎和喉炎等，下呼吸道感染包括气管炎、支气管炎和肺炎等。呼吸道感染是一种临床常见病、多发病，尤其在免疫力低下人群（如婴幼儿、老年人）中最为常见。引起呼吸道感染的病原体有病毒、细菌、支原体、衣原体等。呼吸道病原体一般通过空气及飞沫传播，呼吸道感染的临床表现较复杂，常导致患者漏诊或误诊，部分患者还可出现严重并发症。因此，呼吸道感染病原体的检测，对临床早期诊断、预防和治疗具有重要意义。

【实验目的】

1. 了解常见呼吸道感染的病原体及其主要生物学特点。

2. 熟悉呼吸道感染病原体的微生物学检查的基本思路和基本过程。

3. 掌握微生物分离、培养和鉴定的常用实验技术和仪器设备使用。

【实验要求】

病例：患者约4天前受凉后出现咳嗽、咽痛，伴流涕，为清涕，无咳痰、胸痛，感全身不适、四肢乏力及食欲不振，被当地诊所诊断为"上呼吸道感染"，经治疗无明显好转，1天前，上述症状较前加重，同时伴发热，体温达39.5℃，患者感畏寒、肌肉痛。

根据该病例基本信息，运用已掌握的基本知识、基本原理和实验技能：

1. 分析患者可能感染的病原体。

2. 提出病原体检测的技术路线，并拟定实验步骤。

3. 完成实验操作、观察并记录实验结果。

4. 分析患者可能感染的病原体，从病原体检测的技术路线、实验步骤的设计及实验材料的选择、实验结果、分析讨论、治疗方案拟定等方面做PPT总结汇报。

（王梅竹 王 涛）

第五篇　微生物学中常用仪器设备及实验技术简介

第十章　常用仪器设备

医学微生物学实验室的常用实验仪器设备主要包括消杀仪器设备、显微仪器设备、分离培养与保藏仪器设备、鉴定仪器设备、分子检测与分析仪器设备等。

一、高压蒸汽灭菌器

高压蒸汽灭菌器是通过高温高压水蒸气及其释放的潜热对物品进行迅速而可靠灭菌的设备。适用于耐高温-高压、湿热的物品，如基础培养基、金属器械、敷料等物品的灭菌。

高压蒸汽灭菌器种类很多，通常以内部容积60 L为界，分为小型（＜60L）和大型（≥60L）高压蒸汽灭菌器；根据冷空气排放方式不同分为重力置换型与真空型高压蒸汽灭菌器；根据压力蒸汽灭菌器形状特征又可分为手提式、立式、卧式等高压蒸汽灭菌器（图10-1）。医学微生物学实验室常用的小型重力置换高压蒸汽灭菌器，包括手提式和立式高压蒸汽灭菌器。

A　　　　　　　　　　B　　　　　　　　　　C

图10-1　不同类型的高压蒸汽灭菌器

A.手提式高压蒸汽灭菌器；B.立式高压蒸汽灭菌器；C.卧式高压蒸汽灭菌器

二、恒温干燥箱

恒温干燥箱（图10-2）又称为干燥箱、干烤箱，适用于高温下不蒸发、不变质、不易被损坏且需要干燥的物品，如玻璃器材、金属器械（精密及锐利器械例外）等物品的灭菌。

三、恒温培养箱

恒温培养箱（图10-3）有隔水式培养箱、电热式培养箱、生化培养箱等多种类型。恒温培养箱内空气加热缓慢、均匀，温度恒定，是适用于各种微生物人工培养的微环境。

图10-2　恒温干燥箱　　　　　　　图10-3　恒温培养箱

四、CO_2培养箱

CO_2培养箱（图10-4）主要是由箱体、CO_2调节器、温度控制系统及湿度调节器等部件组成。空气进入箱内后，通过能产生水蒸气的增湿盘维持箱内足够的湿度水平；CO_2调节器可调节进入培养箱内CO_2的张力，并将CO_2与空气按照一定比例混合，从而维持培养箱内CO_2的水平。常应用于细胞组织培养以及某些对CO_2环境要求较高的微生物的初次分离和传代培养。

五、恒温水浴箱

恒温水浴箱（图10-5）一般为金属结构的长方形容器，主要通过电热管加热箱内的蒸馏水达到恒温的目的。水浴箱的温度通常可自30℃调至100℃。恒温水浴箱主要应用于需要在恒温环境下进行的微生物学、免疫学、分子生物学实验以及化学药品或生物制品的浓缩、蒸馏等。

图10-4　CO_2培养箱

六、恒温摇床

恒温摇床是一种温度可控的恒温组件和振荡器相结合的仪器，主要用于对温度和振荡频率有较高要求的菌种培养、发酵、生物化学反应等。微生物学实验室常用的恒温摇床主要有气浴恒温摇床（图10-6）和水浴恒温摇床。

图10-5 恒温水浴箱   图10-6 气浴恒温摇床

七、超低温冰箱

超低温冰箱（图10-7）是由箱体和制冷系统组成的柜式结构，体积比普通冰箱大，有效容积一般为200～500L。超低温冰箱采用了双层门保温隔离，内箱分为多个承物层，每层均有可独立开关的层门。冰箱内有高密度保温材料和密封结构，能够有效地保持箱内温度，箱内温度可恒定为–10～–150℃。常用于各种生物制品、菌种病毒等的低温保存。

八、液　氮　罐

液氮罐（图10-8）用于储存液氮。液氮是一种超低温的液体，温度约为–196℃。液氮的超低温冷冻能力，可使多数细菌、病毒停止代谢，但不杀死这些细菌、病毒。因此，其常用于组织细胞、微生物及生物制品等的长期保存。

九、冷冻真空干燥器

冷冻真空干燥器又称冻干仪（图10-9），是将含水物质迅速冻结成固态，真空环境下，使冻结的水分子直接从固态升华成成气态，以除去水分而保存物质的设备。通过冷冻干燥可除去中95%以上的游离水，有利于冻干物的长期保存，广泛应用于微生物菌种保藏、生物制品、医药工业等方面。

图10-7 超低温冰箱   图10-8 液氮罐   图10-9 冷冻真空干燥器

十、离　心　机

离心机是一种根据不同物质在离心力场中沉淀速度的差异，实现样品分离的仪器。根据离心机转速和离心力场不同，离心机可分为普通转速离心机（转速<8000r/min）、高速离心机（转速8000～30000r/min）（图10-10）、超速离心机（转速30000～80000r/min）及超高速离心机（转速>80000r/min）4类；还可根据离心机内部温度的不同分为普通离心机和冷冻离心机。离心机常用于分离制备生物材料，也可用于分析及测定生物分子的分子量及纯度等。

十一、PCR扩增仪

PCR扩增仪是利用PCR技术对特定DNA片段进行扩增的一种仪器设备，通常由热盖部件、热循环部件、传动部件、控制部件和电源部件等部分组成。PCR扩增仪的工作原理是模拟DNA的天然复制过程，通过人工设计目的DNA片段两端的寡核苷酸引物，经过高温变性（使待扩增样品中的DNA由双股解链为单股）、低温退火（使引物与解链的DNA两侧结合）及恒温延伸（在DNA酶的作用下，通过引物延伸合成新的DNA片段）3个变温过程形成一个扩增循环。每循环1次，目的DNA的拷贝数以2^n的形式增加，从而能从样品中检测出微量的核酸成分，广泛应用于医学微生物学实验室中。根据功能不同，PCR扩增仪可分为普通PCR仪（图10-11）、梯度PCR仪、原位PCR仪、实时荧光定量PCR仪等。

图10-10　普通高速离心机　　　图10-11　普通PCR仪

十二、电　泳　仪

电泳仪（图10-12）是应用于电泳分离技术，分离、鉴定、纯化生物大分子的仪器，其原理是根据生物大分子在一定的pH条件下形成带电荷离子，在有电场的介质中向相反的方向泳动，大分子的电荷、质量、二级结构等差异使其在电场中形成不同的迁移速度。经过一定时间，介质中的各类分子被逐渐分开，达到分离的目的。电泳仪常用于蛋白质、核酸等生物大分子的分离、纯化、检测和分析。

十三、凝胶图像分析系统

凝胶图像分析系统（图10-13）是对电泳凝胶的分析系统，主要由电荷耦合器件（charge coupled device，CCD）相机、镜头、暗室和分析软件构成，用于对蛋白质、核酸等生物分子的电泳凝胶在紫外光或白光照射下所产生的影像进行图像摄取、分析测定及数据输出的一组仪器，常应用于蛋白质、核酸、多肽、氨基酸、多聚氨基酸等生物分子分离纯化结果的分析。

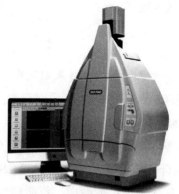

图10-12　电泳仪　　　　图10-13　凝胶图像分析系统

十四、纯　水　仪

在高精度的分析实验、分子生物学实验中，常常使用纯水仪获取高质量的纯水作为实验溶剂。纯水仪是一种通过目前国际流行的反渗透等方法，对原水进行一系列处理制得纯水的装置（图10-14）。

十五、移　液　器

移液器又称移液枪，是一种用于定量转移液体的小型仪器，主要用于实验过程中少量或微量液体的移取、分装、稀释等（图10-15）。移液器的种类较多，微生物学实验室常用的移液器有单道移液器和多道移液器。

图10-14　纯水仪　　　　图10-15　移液器

十六、超净工作台

医学用超净工作台（图10-16）是一种提高局部无尘无菌工作环境的空气净化设备，常用于微生物学、分子生物学等实验的无菌操作。它是利用可调风量的风机系统驱动空气进而使空气经过高效过滤器净化后，形成洁净气流，洁净气流以均匀的断面风速流经工作区，形成高洁净的工作环境。超净工作台根据操作结构分为单边操作及双边操作两种。但应注意的是，超净工作台只能保护在工作台内操作的样本等不受污染，并不保护工作人员及实验环境。

十七、生物安全柜

生物安全柜（图10-17）是为操作培养物、菌毒株及诊断性标本等具有感染性的实验材料时，用来保护操作者本人、实验室环境及实验材料，使其避免暴露于实验操作过程中可能产生的感染性气溶胶和溅出物而设计的箱型空气净化负压安全装置，是实验室生物安全防护中最基本的安全防护设备。在生物安全柜内操作，可防止操作者和环境暴露于实验过程中产生的生物气溶胶，因此可有效地对实验样品、实验操作者及实验环境三者均起到防护作用。生物安全柜可分为Ⅰ级、Ⅱ级和Ⅲ级三大类，以满足不同的要求。普通微生物学实验室常用Ⅱ级生物安全柜，Ⅲ级生物安全柜主要用于四级生物安全实验室。

　　图10-16　超净工作台　　　　　图10-17　生物安全柜

（王　涛）

第十一章 常用实验技术

本章在常规实验技术的基础上，结合国内外微生物领域的前沿发展动态，简要介绍近年来应用于微生物学领域的新技术、新方法，主要包括显微操作技术、PCR技术、分子杂交技术、组学分析技术、色谱分析技术和基因编辑技术。本章主要目的是让学习者初步了解微生物领域研究的前沿和动态，开拓学习者视野，为其参与科学研究提供指导与借鉴。

一、显微操作技术

1. 暗视野显微镜（dark field microscope） 又称暗视场显微镜，是一种光学显微镜。它与普通显微镜的区别在于照明方式不同，它使用强而窄的斜射光束照射标本，而又不让光束进入物镜。在没有光进入物镜时，视野是黑暗的，故又称暗视野显微镜。暗视野显微镜的聚光镜下面中央部分有挡光板，照明光束只能从聚光镜边缘的环形圈进入，经透射镜的反射面反射后，斜着射向标本，并在盖玻片上进行全反射。其结果是照亮了标本但光束不直接进入物镜，从而达到暗视场照明的目的。但由于标本中的微粒受光照射后能够散射光线，当散射光线进入物镜时，在显微镜中能够看到微粒的散射光点，好像微粒本身在发光一样，这种现象在光学上称为丁达尔现象。暗视野显微镜能够观察到0.004μm以上的微粒，可以看见普通显微镜看不见的微粒。但它只能看到物体的外表轮廓和运动状态，而不能辨认其内部结构。从结构上看，只需要将普通显微镜更换上一个暗视野聚光器即可变为暗视野显微镜。

2. 相差显微镜（phase contrast microscope） 也是一种光学显微镜。其原理是光线在穿过透明的样品时会产生微小的相位差，而这个相位差可以被转换为图像中的幅度或对比度的变化，这样就可以利用相位差来成像。相差显微镜观察样品时不需要进行染色，在观察细胞的时候也就不会对细胞本身产生伤害，因此这种显微镜可以用来研究细胞周期。

3. 荧光显微镜（fluorescence microscope） 也属于光学显微镜，其主要部件和传统的光学显微镜基本一致，主要不同在于光源的类型和使用了特殊的滤光元件，结合了光学显微镜的放大特征和荧光技术。荧光技术能够激发荧光基团，并能检测到来自荧光基团的发射光。利用荧光显微镜技术，可以观察组织内特定细胞类型的位置或者细胞内某种分子的位置。

4. 激光扫描共焦显微镜（confocal laser scanning microscope） 以激光作为光源，采用共轭聚焦原理和装置，并利用计算机对所观察的对象进行数字图像处理观察、分析和输出。其特点是可以对样品进行断层扫描和成像，进行无损伤观察和分析细胞的三维空间结构。它利用激光、电子摄像和计算机图像处理等现代高科技技术手段，与传统的光学显微镜结合产生的先进的细胞分子生物学分析仪器，在生物及医学等领域具有广泛的应用，已经成为生物医学实验研究的必备工具。激光扫描共焦显微镜利用逐点照明和空间针孔调制来去除样品非焦点平面的散射光的光学成像手段，相比于传统成像方法可以提高光学分辨率和视觉对比度。

5. 电子显微镜（electron microscope，EM） 简称电镜，是根据电子光学原理，用电子束和电子透镜代替光束和光学透镜，使物质的细微结构在非常高的放大倍数下成像的仪器。人们通过电镜能直接观察到原子成像。其主要优点是分辨率高，可用来观察组织和细胞内部的超微结构及微生物和生物大分子的全貌。光学显微镜的分辨率为0.2μm，而电镜的分辨率为0.2nm左右，是光学显微镜的1000倍左右。目前，常用的电镜主要包括透射电镜、扫描电镜、扫描透射电镜、扫描隧道显微镜等。电镜的分辨本领虽已远胜于光学显微镜，但电镜需要真空条件，所以不能观察活的生物。

二、PCR技术

PCR技术是一项利用DNA双链复制的原理，在生物体外复制特定DNA片段的核酸合成技术，可在短时间内大量扩增目的基因，而不必依赖生物体。

PCR由变性、退火、延伸3个基本反应步骤构成：

1. 模板DNA的变性（变性） 模板DNA加热至93℃左右一定时间后，使模板DNA双链或经PCR扩增形成的双链DNA解离，使之成为单链，以便它与引物结合，为下轮反应做准备。

2. 模板DNA与引物的退火（退火）（复性） 模板DNA经加热变性成单链后，温度降至55℃左右，引物与模板DNA单链的互补序列配对结合。

3. 引物的延伸（延伸） DNA模板-引物结合物在72℃、DNA聚合酶（如*Taq*DNA聚合酶）的作用下，以dNTP为反应原料、靶序列为模板，按碱基互补配对与半保留复制原理，合成一条新的与模板DNA链互补的半保留复制链，重复循环变性—退火—延伸3个过程就可获得更多的半保留复制链，而且这种新链又可成为下次循环的模板。PCR技术在1～3h就能将待扩增的目的基因扩增放大几百万倍，在生物学中获得广泛应用。

目前，PCR技术已有很多变型与改进，以适应具体应用，包括：

1. 反向PCR（inverse-PCR） 用于扩增已知序列两侧的DNA。

2. 重叠延伸PCR（gene splicing by overlap extension PCR） 用于对目的基因进行定量突变。

3. 逆转录PCR（reverse transcription PCR） 是一种将RNA反转录和cDNA扩增相结合的PCR技术。

4. 实时定量PCR（quantitative real-time PCR） 在DNA扩增反应中，以荧光化学物质检测每次PCR循环后产物总量的方法。

5. 数字PCR（digital PCR） 是一种能够直接数出DNA分子数，对样品DNA分子进行绝对定量的技术。

三、分子杂交技术

分子杂交（molecular hybridization）技术是通过各种方法将被检测分子（如DNA、RNA或蛋白质）固定在固相支持物上，然后用特异性探针（荧光标记探针、放射性标记的探针）与被固定的分子杂交，经显影后显示出被检测分子所处的位置。根据被测定的对象，分子杂交基本可分为以下几大类：

1. DNA印迹（Southern blot）杂交　DNA片段经电泳分离后，从凝胶中转移到固相支持物（如硝酸纤维素滤膜），然后与探针杂交。被检对象为DNA，探针为DNA或RNA。

2. RNA印迹（Northern blot）杂交　RNA片段经电泳后，从凝胶中转移到固相支持物（如硝酸纤维素滤膜），然后与探针杂交。被检对象为RNA，探针为DNA或RNA。

3. 蛋白质印迹（Western blot）杂交　也称蛋白质印迹、免疫印迹、Western印迹，细胞或组织总蛋白经电泳分离后，从凝胶转移到固相支持物（硝酸纤维素滤膜），然后用特异性抗体检测某特定抗原的一种蛋白质检测技术，现已广泛应用于基因在蛋白水平的表达研究、抗体活性检测和疾病早期诊断等多个方面。

4. 斑点印迹（dot blot）杂交　是指将DNA、RNA样品直接点在硝酸纤维素滤膜上，然后与核酸探针分子杂交，以显示样品中是否存在特异的DNA或RNA。同一种样品经不同倍数的稀释，还可以得到半定量的结果。所以，它是一种简便、快速、经济的分析DNA或RNA的方法，在基因分析和基因诊断中经常用到，是研究基因表达的有力工具。

5. 荧光原位杂交（fluorescence *in situ* hybridization，FISH）　是一种应用非放射性荧光物质依赖核酸探针杂交原理在核中或染色体上显示核酸序列位置的技术。

四、组学分析技术

组学通常指生物学中对各类研究对象的集合所进行的系统性研究。目前，组学技术主要包括微生物组学、基因组学、宏基因组学、蛋白组学、代谢组学、转录组学、脂类组学、免疫组学、糖组学、RNA组学、影像组学、超声组学等。下面简单介绍微生物学研究中常用的几类组学分析技术。

1. 微生物组学（microbiomics）　是对某一特定环境中全部微生物进行系统性研究的总称，包括微生物的种类、数量、微生物与微生物及微生物与环境的相互作用。微生物组包括细菌、真菌和病毒，在宿主的免疫、代谢和激素等多方面具有非常重要的功能。

2. 基因组学（genomics）　基因组是指某个生物体DNA中（部分病毒是RNA）所包含的全部遗传信息的总和，主要研究内容包括基因组的结构、功能、进化、定位和编辑及它们对生物体的影响。

3. 宏基因组学（metagenomics）　也称元基因组学，通过直接从环境样品中提取全部微生物总DNA，构建宏基因组文库，利用基因组学的研究策略研究环境样品所包含的全部微生物的遗传组成及其群落功能。

此外，转录组、蛋白组、代谢组等组学技术，主要是对细胞或样品的总RNA、总蛋白质和总代谢产物进行定性、定量分析的技术，这些技术也是微生物学近来研究和发展的主要领域，对深入研究微生物的组成、遗传和代谢等具有重要意义。

五、色谱分析技术

色谱（chromatography）是一种分离和分析方法，其根本原理是利用不同物质在不同相态的选择性分配，以流动相对固定相中的混合物进行洗脱，混合物中不同的物质会以不同的速度沿固定相移动，最终达到分离的效果。色谱分离的本质是物质分子在固定相和流动相之间分配平衡的过程。根据分离机制的不同，色谱方法可分为吸附色谱、分配色谱、离子交换色谱、凝胶色谱和亲和色谱等。目前，常用的色谱方法有柱色谱法、薄层色谱法、气相色谱法、高效液相色谱法等，下面简单介绍气相色谱和液相色谱。

1. 气相色谱（gas chromatography，GC） 是以气体作为流动相，是一种对易于挥发而不发生分解的混合物进行分离，并对样品组分进行定性、定量分析的实验技术，也称气相层析，通常简称GC。气相色谱是基于时间差别的分离技术，不同于常规的物理分析技术。气相色谱将气化的混合物或气体通过含有特定物质的色谱柱，根据不同化合物在色谱柱中的保留性能不同而得到分离。这种分离得到的样品经过检测器以后被记录的图像就是色谱图。每一个峰代表混合样品中不同的组分，峰出现的时间称为保留时间，可以用来对每个组分进行定性，而峰的大小（峰高或峰面积）则代表组分的浓度。

2. 高效液相色谱（high performance liquid chromatography，HPLC） 液相色谱是以液体作为流动相，固定相可以有多种形式，如纸、薄板和填充床等。根据固定相的形式产生了各自的命名，如纸色谱、薄层色谱和柱液相色谱。目前，最常用的是HPLC，又称高压液相色谱。HPLC采用高压输液系统，将具有不同极性的单一溶剂或不同比例的混合溶剂、缓冲液等流动相泵入装有固定相的色谱柱，在柱内各成分被分离后，进入检测器进行检测，从而实现对试样的分析。高效液相色谱系统由储液器、输液泵、进样器、色谱柱、检测器和记录器组成，其整体组成类似于气相色谱。HPLC已广泛应用于医药分析、法医鉴定、环境分析、食品安全、化工及生物制药等领域。在微生物学领域，可以利用HPLC检测微生物的代谢产物，如微生物代谢产生的抗生素、色素、发酵产物（酸类、醇类）、氨基酸、核苷酸等。

六、基因编辑技术

基因编辑（gene editing）又称基因组编辑（genome editing），是近年发展起来的能够对生物体特定基因进行精确遗传修饰的一种基因工程技术。基因编辑依赖特定核酸酶（也称"分子剪刀"），在基因组中特定位置产生位点特异性双链断裂（double strand break，DSB），诱导生物体通过非同源末端连接或同源重组修复DSB，从而实现基因的靶向突变。例如，最近发展起来的CRISPR-Cas9技术（该技术被科学界选为2015年度最佳突破，并获得2020年诺贝尔化学奖），几乎能够在人类、其他动物、植物和微生物等所有领域实现任意基因的编辑，包括基因的插入、删除和点突变。基因编辑技术因其能够高效率地进行定点基因改造，已在基因研究、基因治疗和遗传育种与改良等多方面展示出了巨大潜力。下面简要介绍目前三大基因组编辑技术（ZFN技术、TALEN技术和CRISPR-Cas9技术）的基本原理。

1. 锌指核酸酶（zinc-finger nuclease，ZFN）技术 ZFN是由锌指DNA结合域（zinc finger DNA-binding domain）与限制性内切酶的DNA切割域（DNA cleavage domain）融合而成的一类限制性内切酶，通过改造ZFN的锌指DNA结合域即可靶向识别不同的DNA序列，然后由DNA切割域进行特异位点的切割，最后利用宿主自身的DNA修复机制实现基因的靶向改造。

2. 转录激活样效应因子核酸酶（transcription activator-like effector nuclease，TALEN）技术 转录激活样效应因子（TALE）最初是在一种名为黄单胞菌的植物病原体中作为一种细菌感染植物的侵袭策略而被发现的。TALE具有序列特异性结合能力，因此通过将*Fok*I核酸酶与TALE组合，就可构建成具有特异性基因组编辑功能的强大工具——TALEN。通过严谨设计，TALEN几乎可以与任何DNA序列结合，可以在基因组的特定位置进行切割，最后利用宿主自身的DNA修复机制实现基因的靶向改造。

3. 成簇规律间隔短回文重复（clustered regulatory interspaced short palindromic repeat，CRISPR）技术 CRISPR-Cas是原核生物的获得性免疫系统，是原核生物对抗外来遗传物质（如质粒、噬菌体、病毒）干扰的重要屏障。目前，常用的CRISPR-Cas9系统由Cas9核酸内切酶和指导RNA（guide RNA，gRNA）两部分组成。gRNA通过碱基互补配对识别靶位点，通过Cas9核酸酶切割靶位点从而产生双链DNA断裂，最后利用宿主自身的DNA修复机制实现基因的靶向改造。目前，利用CRISPR技术已能够实现基因敲除、基因敲入、基因抑制、基因激活、功能基因筛选、多重基因编辑等功能，由于CRISPR具有精确性、操作简单、低成本、安全可靠等特点，已在所有生物界获得广泛应用。

（崔古贞）

主要参考文献

安静. 2018. Medical Microbiology [M]. 北京：高等教育出版社.

蔡信之，黄君红. 2019. 微生物学实验[M]. 4版. 北京：科学出版社.

陈峥宏. 2008. 微生物学实验教程[M]. 上海：第二军医大学出版社.

陈峥宏，魏洪，康颖倩. 2014. 医药学常用微生物实验技术[M]. 北京：科学出版社.

郭世富. 2019. 抗菌药物敏感性体外检测系统质量控制标准[J]. World Notes on Antibiotics，40（1）：42-46.

国家药典委员会. 2020. 中华人民共和国药典四部（2020年版）[M]. 北京：中国医药科技出版社.

何玉林，黄大林. 2012. 医学微生物学实验指导[M]. 兰州：甘肃科学技术出版社.

江滟，王和. 2011. 微生物学实验教程[M]. 北京：科学出版社.

李凡，徐志凯. 2018. 医学微生物学[M]. 9版. 北京：人民卫生出版社.

李明远. 2016. 医学微生物学[M]. 2版. 北京：科学出版社.

尚红，王毓三，申子瑜. 2015. 全国临床检验操作规程[M]. 4版. 北京：人民卫生出版社.

王冬梅. 2017. 微生物学实验指导[M]. 北京：科学出版社.

王和. 2005. 现代前列腺炎基础与临床[M]. 贵阳：贵州科技出版社.

王和. 2011. 男科感染病学[M]. 北京：科学出版社.

中华人民共和国国家质量监督检验检疫总局，中国国家标准化管理委员会. 2008. 实验室生物安全通用要求（GB 19489-2008）[S]. 北京：中国标准出版社.

中华人民共和国国家质量监督检验检疫局，中国国家标准化管理委员会. 2016. 食品安全国家标准食品微生物学检验沙门氏菌检验（GB 4789.4-2016）[S]. 北京：中国质检出版社.

周庭银. 2019. 临床微生物检验标准化操作程序[M]. 上海：科学技术出版社.

James H J，Michael A P. 2017. 临床微生物学手册[M]. 11版. 王辉，马筱玲，钱渊译，北京：中华医学电子音像出版社.

Barer，Michael R. 2018. Medical microbiology：a guide to microbial infections：pathogenesis，immunity，laboratory investigation and control [M]. Amsterdam：Elsevier.

Wang D N，Ding W J，Pan Y Z，et al. 2015. The Helicobacter pylori L-form：formation and isolation in the human bile cultures in vitro and in the gallbladders of patients with biliary diseases[J]. Helicobacter，20（2）：98-105.

Wang D N，Wu W J，Wang T，et al. 2015. Salmonella L-forms：formation in human bile in vitro and isolation culture from patients' gallbladder samples by a non-high osmotic isolation technique [J]. Clin Microbiol Infect，21（5）：470（e9-e16）.

附　录

附录1　病原微生物实验室生物安全

实验室生物安全是指在从事病原微生物实验活动的实验室中避免病原微生物对工作人员和相关人员的危害，对环境的污染和对公众的伤害，为了保证实验研究的科学性还要保护被实验因子免受污染。

我国《病原微生物实验室生物安全管理条例》中，根据病原微生物的传染性、感染后对个体或者群体的危害程度，将病原微生物分为四类，其中第一类、第二类病原微生物统称为高致病性病原微生物。各种病原微生物的危害程度等级不同，因此必须在相应等级的生物安全实验室开展有关实验活动。

生物安全实验室是具有一定生物安全防护水平的实验室，包括生物安全实验室（biosafety laboratory，BSL）和动物安全实验室（animal biosafety laboratory，ABSL）。其生物保护作用主要是通过标准化的建筑、生物安全设备配置、个人防护、详细的操作程序和严格的管理来实现的。

根据WHO《实验室生物安全手册》和我国卫生部颁布的《微生物和生物医学实验室生物安全通用准则》，生物安全实验室分为四级：一级防护水平最低，四级防护水平最高。以BSL-1（ABSL-1）、BSL-2（ABSL-2）、BSL-3（ABSL-3）和BSL-4（ABSL-4）表示实验室的相应生物安全防护水平。医学实验室因可能接触含有致病微生物的标本或样品，通常应达到二级或二级以上水平。根据《实验室生物安全认可准则》二级生物安全（BSL-2）实验室（附图1-1）结构设施需符合以下基本条件：

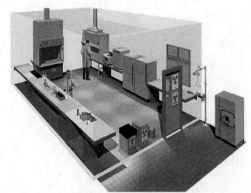

附图1-1　BSL-2实验室结构图（摘自 WHO《实验室生物安全手册》）

1. 实验室门应有可视窗和可自动关闭的门锁，门锁及门的开启方向应不妨碍室内人员逃生。

2. 应设洗手池，宜设置在靠近实验室的出口处。

3. 实验室工作区域外应有存放备用物品的条件。

4. 实验室墙壁、天花板和地面应易清洁，必须不渗水、防腐蚀，地面应平整防滑，实验室台柜等应便于清洁，实验台面应坚固、防水、耐腐蚀、耐高温。

5. 实验室应有足够的空间合理摆放设备、物品等。

6. 实验室如有窗户应安装可防蚊虫的纱窗。

7. 实验室内应避免不必要的反光和强光。

8. 实验室内应配备高压蒸汽灭菌器以及生物安全柜，应设洗眼装置，必要时有应急喷淋装置，应配备应急器材，如消防器材等。

9. 若使用有毒、刺激性、放射性等物质，或高压、可燃气体，应符合国家、地方的相关规定和要求，配备相应的安全设施和防护。

10. 实验室有可靠的电力供应和应急照明，有足够的固定电源插座，必要时，应设有重要设备如培养箱、生物安全柜、冰箱等的备用电源。

11. 实验室出口应有在黑暗中可明确辨认的标识。

目前，我国已颁布的病原微生物实验室安全的相关标准和指南有《实验室生物安全通用要求》（GB19489-2008）、《病原微生物实验室生物安全通用准则》（WS 233-2017）、《生物安全实验室建筑技术规范》（GB 50346-2011）、《人间传染的病原微生物名录》、《可感染人类的高致病性病原微生物菌（毒）种或样本运输管理规定》、《人间传染的高致病性病原微生物实验室和实验活动生物安全审批管理办法》等，在进行病原微生物相关实验时应参照相应的标准执行。

（张峥嵘）

附录2 常用器皿的清洗与处理

清洁的器皿是得到正确实验结果的重要条件之一。清洗的目的就在于除去玻璃器皿上的污垢（灰尘、油垢、无机盐类等物质），使其不能影响实验结果。清洗器皿的方法有机械清洗方法和化学清洗方法。机械方法是用铲、刮、刷等方法进行清理；化学方法是利用化学去污溶剂清洗。实验室常用的化学去污溶剂有肥皂、去污粉、洗衣粉和洗涤液。

一、常用化学去污溶剂

1. 肥皂 使用肥皂时用湿刷子（试管刷、瓶刷）蘸肥皂刷洗容器，再用水洗去肥皂。热的肥皂水（5%）去污能力很强，可以有效洗去器皿上的油脂。

2. 去污粉 使用去污粉时先将仪器润湿，将去污粉涂抹在污点上，用布或刷子擦拭，再用水洗去去污粉。

3. 洗衣粉 使用1%洗衣粉溶液洗涤载玻片和盖玻片，可以达到良好的清洁效果。

4. 洗涤液 常用的洗涤液是重铬酸钾（或重铬酸钠）的硫酸溶液。重铬酸钾与硫酸作用后形成的铬酸是一种强氧化剂，去污能力非常强，常用于洗去玻璃和瓷质器皿上的有机质。切不可用于洗涤金属器皿。配方见附表2-1。

附表2-1 重铬酸钾洗涤液的配制

	重铬酸钾（g）	浓硫酸（ml）	蒸馏水（ml）
强液	63	1000	200
次强液	120	200	1000
弱液	100	100	1000

配制方法：将重铬酸钾溶解在蒸馏水中（可加热），待冷却后，再慢慢地加入浓硫酸，边加边搅拌均匀，配好后避光存放备用。此液可使用很多次，直至洗涤液变成青褐色时才失效。

二、玻璃器皿的清洗要求

1. 任何洗涤方法，都不应对玻璃器皿有所损伤，所以不能用有腐蚀作用的化学药剂，也不能使用比玻璃硬度大的物品来擦拭玻璃器皿。

2. 用过的器皿应立即洗涤，有时放置太久会增加洗涤困难。

3. 难洗涤的器皿不要与易洗涤的器皿放在一起，以免增加洗涤麻烦。有油的器皿不要与无油的器皿放在一起，否则使无油的器皿也会沾上油垢，浪费药剂和时间。

4. 强酸、强碱及其他氧化物和有挥发性的毒品，都不能倒在洗涤槽内，必须倒在废水缸中。

5. 盛过液体培养基的器皿，应先将培养物倒在废液缸中，然后洗涤。切勿将培养基尤其是琼脂培养物倒在洗涤槽内，否则会逐渐阻塞下水道。

6. 用过的砷汞溶液，切勿装在金属器皿中，以免腐蚀金属。

7. 一般的器皿都可用去污粉、肥皂或配成5%热肥皂水来清洗，油脂很重的器皿，应先将油层擦去再清洗。

8. 使用洗涤液时，投入的玻璃器皿应尽量干燥，以免稀释洗涤液。如要去污作用更强，可将之加热至40～50℃（稀铬酸洗液可以煮沸）。如器皿上带有大量有机质时，不可直接加洗涤液，应先尽可能清除，再用洗涤液，否则洗涤液会很快失效。

9. 使用洗涤液清洗的器皿，必须立即用水冲洗至无色为止。洗涤液有强腐蚀性，如溅于桌椅上应立即用水洗并用湿布擦去；如皮肤及衣服上沾有洗涤液，应立即用水冲洗，然后用碳酸钠或氨液中和。

10. 如果器皿沾有煤膏、焦油及树脂类的一些物质，可用浓硫酸或40%的NaOH或洗涤液浸泡。

11. 当器皿上沾有蜡或油漆等物质，用加热方法使之熔化后擦拭，或用有机溶剂（苯、二甲苯、丙酮、松节油等）擦拭。

12. 载玻片或盖玻片可先在2%盐酸溶液中浸1h，然后冲洗2～3次，最后用蒸馏水冲洗2～3次，洗后烘干冷却或浸于95%乙醇中保存备用。

13. 凡遇有传染性材料的器皿，洗涤前应经高压灭菌。

14. 洗涤后的器皿达到玻璃能被水均匀湿润而无条纹和水珠。

三、各类器皿的洗涤方法

1. 一般新玻璃器皿（包括载玻片、盖玻片、试管、吸管、平皿、三角瓶等）含有游离碱，应用2%盐酸溶液浸泡数小时，再用水充分洗干净。

2. 用过的载玻片或盖玻片，先擦去油垢，再放在5%肥皂水中煮10min，之后立即用清水冲洗，然后放在洗涤液（稀释）中浸泡2h，再用清水洗至无色为止，最后用蒸馏水洗数次，烘干冷却后浸于95%乙醇中保存备用。使用时用干净纱布擦去乙醇，并经火焰微热，使残余乙醇挥发，再用水滴检查，如水滴均散开，方可使用。

3. 三角瓶、培养皿、试管等可用毛刷蘸去污粉或肥皂洗去灰尘、油垢、无机盐类等物质。然后用自来水冲洗干净。如果器皿要盛高纯度化学药品或做精确度高的实验，可先在洗涤液中浸泡10min，再用自来水冲洗，最后再用蒸馏水冲洗2～3次，以水在内壁能均匀分布成一薄层而不出现水珠，为油垢除尽的标准。否则需要用洗涤液再次清洗。洗刷干净的玻璃仪器烘干备用。

4. 染菌的器皿应先经121℃高压蒸汽灭菌20～30min后取出，趁热倒出容器内的培养物，再用热的洗涤剂冲刷干净，再用水冲洗。带菌的移液管和毛细吸管，应立即放入5%的苯酚溶液中浸泡数小时，先灭菌，再用水冲洗。

5. 含有琼脂培养基的器皿，可先用小刀或铁丝将器皿中的琼脂培养基刮去，或把它们用水蒸煮，待琼脂融化后趁热倒出，然后用水洗涤。如果琼脂培养基已经干燥，可将器皿放在水中蒸煮，使琼脂熔化后趁热倒出，然后用水洗涤，并用刷子蘸洗涤剂洗刷内壁，然后用自来水冲洗。

6. 硅胶塞和橡胶类制品　新购的硅胶塞和橡胶类制品在使用前首先用自来水冲洗刷，然后放入5%的NaOH溶液中煮沸15min，再用自来水冲洗干净后，置于0.5mol/L盐酸中煮沸15min，再用自来水充分清洗，最后用蒸馏水冲洗2～3次，晾干后包装或置于铝盒内，高压蒸汽灭菌法灭菌。

用过的硅胶塞和橡胶类制品，可高压蒸汽灭菌法灭菌后再清洗。若不能去污，可加少量洗衣粉煮沸10～20min后，用自来水充分清洗，最后用蒸馏水清洗2～3次晾干后包装或置于铝盒内，高压蒸汽灭菌法灭菌后备用。

7. 金属器械　新购置的金属器械，如手术刀、手术剪、镊子等应首先擦去表面的油脂，再用洗衣粉溶液或1%碳酸氢钠溶液煮沸15min，擦干后用95%乙醇溶液纱布擦干。无污染的金属器械在使用完后可用自来水洗净并立即擦干，以防生锈。污染的金属器械在使用完后应先煮沸15min以上，再按上述方法处理。若金属器械上沾有动物组织碎屑，应先用5%苯酚溶液洗净。金属器械的消毒灭菌一般采用高压蒸汽灭菌法灭菌或煮沸消毒。应急情况下，也可在使用前浸泡在95%乙醇内，临用时点燃器械表面的乙醇待其燃烧完毕后即可使用。但由于干烤或烧灼容易使金属钝化而影响使用，所以金属器械（包括注射用针头）一般不采用干烤或烧灼方法灭菌。

8. 有机玻璃及塑料器皿　有机玻璃器皿，如细胞培养板及细胞培养瓶等，在使用后可直接浸泡于2%～3%的盐酸溶液中过夜，取出后用棉签蘸上去污剂逐孔擦洗（防止产生划痕），然后用自来水彻底冲洗，蒸馏水洗2～3次，晾干。有机玻璃器皿、超净工作台的隔板等严禁用乙醇等有机溶剂擦拭和消毒。有机玻璃器皿不宜使用射线灭菌，以免玻璃变色。

塑料制品不耐热，常用紫外线或γ射线消毒灭菌。实验前或实验后可将塑料制品直接置于紫外灯下0.5～1m、照射60～120min，进行表面消毒；或用2层塑料袋包装并密封好，用^{60}Co射线（120万拉得）灭菌备用。

（迟茜文）

附录3 常用培养基的配制

一、牛肉浸液培养基

【配方】

新鲜瘦牛肉500g，蛋白胨10g，氯化钠5g，蒸馏水1000ml。

【制备方法】

牛肉切块，绞碎，加蒸馏水1000ml，混匀于4℃冰箱过夜。次日取出，煮沸30min，不停搅拌以免沉底，纱布过滤后，滤液中加入蛋白胨、氯化钠，加热溶解，并补足水至1000ml，调节pH至7.6，分装于试管或三角烧瓶内，加塞后，121℃15～20min高压蒸汽灭菌处理。冷却后置4℃冰箱备用。

【用途】

用于细菌的基础培养。

二、牛肉浸液琼脂固体培养基

【配方】

牛肉浸液培养基1000ml，琼脂粉15g。

【制备方法】

将上述配方成分置三角烧瓶或大容量烧杯中，加热溶解，调节pH至7.6，趁热分装于试管或三角烧瓶内，加塞后，121℃，15～20min高压蒸汽灭菌处理，取出试管摆成斜面，待凝固后，即为固体斜面，三角烧瓶中培养基待冷却至50℃左右，倾入无菌平皿，凝固后即为固体平板。收至4℃冰箱备用。

【用途】

用于细菌的基础培养。

三、半固体培养基

【配方】

日本蛋白胨1g，氯化钠0.5g，牛肉浸出粉3g，琼脂粉0.4g，蒸馏水100ml。

【制备方法】

（1）除琼脂粉外，将其他配方成分加热溶解，调节pH至7.6。

（2）加入琼脂粉煮沸溶解，分装于12mm×100mm试管中，每管约3ml，121℃20min高压蒸汽灭菌，置4℃冰箱保存备用。

【用途】

观察细菌动力及保存菌种。

四、蛋白胨水培养基

【配方】

日本蛋白胨（或胰蛋白胨）1g，氯化钠0.5g，蒸馏水100ml。

【制备方法】

（1）用少量蒸馏水将蛋白胨和氯化钠混合溶解，再加蒸馏水定容至100ml，用1mol/L NaOH调pH至7.3，用滤纸过滤。

（2）分装于12mm×120mm小试管中，每管3～4ml，经121℃ 20min高压蒸汽灭菌，置4℃冰箱备用。

【用途】

（1）吲哚实验（靛基质实验）。

（2）单糖发酵培养基的基础液。

（3）碱性蛋白胨水的基础液。

（4）中国蓝琼脂平板、SS琼脂平板的基础培养基。

（5）半固体培养基的基础培养基。

五、葡萄糖蛋白胨水培养基

【配方】

蛋白胨0.7g，磷酸氢二钾0.38g，葡萄糖0.5g，蒸馏水100ml。

【制备方法】

（1）将上述配方依次溶解于蒸馏水中。

（2）用1mol/L NaOH调pH至7.3，用滤纸过滤。

（3）分装于12mm×120mm试管中，每管3～4ml，121℃ 15min高压蒸汽灭菌，置4℃冰箱备用。

【用途】

甲基红实验及V-P实验。

六、马铃薯葡萄糖琼脂

【配方】

马铃薯粉200g，葡萄糖20g，琼脂14g，蒸馏水1000ml。

【制备方法】

（1）将上述配方成分混合，加热溶解，分装约10ml于方瓶或15mm×150mm试管中。

（2）115℃ 15min高压蒸汽灭菌，置4℃冰箱保存备用。

【用途】

适合于多数真菌的分离培养。

七、胰酪大豆胨液体培养基

【配方】

胰酪胨17.0g，大豆木瓜蛋白酶水解物3.0g，氯化钠5.0g，磷酸氢二钾2.5g，葡萄糖2.5g，蒸馏水1000ml。

【制备方法】

除葡萄糖外，取上述配方成分，混合，微温溶解，滤过，调节pH为7.3，加入葡萄糖，分装，115℃ 15min高压蒸汽灭菌。

【用途】

细菌增菌通用培养基，也可用于药品或生物制品中需氧菌和真菌的培养。

八、肝消化液培养基

【配方】

猪胃100g，猪肝100g，浓盐酸10ml，蒸馏水1000ml。

【制备方法】

取新鲜猪胃除去外表的筋膜、脂肪后洗净，内面用流水冲去食物残渣。新鲜猪肝除去筋膜洗净。分别绞碎猪胃、猪肝，各称取100g混合，加入48℃蒸馏水 1000ml混匀。用浓盐酸调整pH为2～3，置48～52℃水浴，每隔30～60min摇动1次，消化8h。虹吸上清液经绒布过滤，用NaOH调整pH为5～6。煮沸15min冷却沉淀后虹吸上清液，调整pH为7.6，再煮沸10min，冷却沉淀后虹吸上清液分装，经121℃ 20min高压蒸汽灭菌，置4℃冰箱保存备用。

【用途】

肉汤培养基、琼脂培养基的基础及非高渗透压L型细菌培养基。

九、血琼脂平板

【配方】

琼脂粉1.5g，肉汤（肝化汤）100ml，无菌脱纤维羊血10ml。

【制备方法】

（1）将琼脂粉加入肉汤（肝化肠）中，经121℃ 20min高压蒸汽灭菌。

（2）取出上述物质，冷却至45～50℃时，无菌操作加入脱纤维羊血，充分摇匀，注意不要使培养基起泡，倾注无菌平皿，置4℃冰箱保存备用。

【用途】

营养要求较高的细菌分离培养或观察细菌的溶血现象。

十、巧克力色血琼脂平板

【配方】

琼脂粉2.0g，肉汤（肝化汤）100ml，无菌脱纤维羊血10ml。

【制备方法】

（1）将琼脂粉加入肉汤（肝化汤）中，121℃ 20min高压蒸汽灭菌。

（2）取出冷却到80～90℃的上述物质无菌操作加入脱纤维羊血，充分摇匀，倾注无菌平皿冷凝后平板即呈巧克力色，4℃冰箱保存备用。

【用途】

脑膜炎奈瑟菌、淋奈瑟菌等的分离培养。

十一、血清肉汤培养基

【配方】

无菌血清100ml，肉汤300ml。

【制备方法】

（1）先将肉汤分装于12mm×120mm试管中，每管约3ml，121℃ 20min高压蒸汽灭菌备用；

（2）无菌操作加入无菌血清于肉汤管中，每管加0.5～1ml，置4℃冰箱保存备用。

【用途】

乙型溶血性链球菌等的分离培养。

【注意事项】

血清不能高压蒸汽灭菌，只能通过滤菌器过滤除菌。

十二、L型鸡蛋培养基

【配方】

蛋白胨1g，酵母浸出物（粉）0.5g，氯化钠3～5g，琼脂0.8g，蒸馏水100ml，鸡蛋清5ml，50%鸡蛋黄盐水溶液2ml。

【制备方法】

将蛋白胨、酵母浸出物（粉）及氯化钠加入蒸馏水中溶解后，用1mol/L NaOH调pH为7.4～7.6后加入琼脂。121℃ 20min高压蒸汽灭菌，冷却至45～50℃时加入鸡蛋清及50%鸡蛋黄盐水溶液，混匀倾注无菌平皿，凝固后置4℃冰箱保存备用。

【用途】

用于L型细菌的高渗分离培养和荷包蛋样菌落的观察。

十三、鸡蛋斜面培养基

【配方】

新鲜鸡蛋100ml（约3个），肝化汤（pH7.6）30ml。

【制备方法】

（1）取3个新鲜鸡蛋洗净并放于75%乙醇中浸泡消毒30min。

（2）取出已浸泡消毒过的鸡蛋用无菌操作法将鸡蛋液倒入含有玻璃碴的无菌三角瓶中，振摇均匀。再按比例加入无菌肝化汤，混匀即可。

（3）无菌分装于15mm×150mm大试管中，每管5～6ml并放置于血清凝固器内加热80℃1h使其凝固成斜面，或放置于80℃烤箱中，保温1～2h，使其凝固成斜面也可。

（4）取出置于37℃温箱过夜，无菌生长即可使用。

【用途】

白喉棒状杆菌专用培养基，所培养出的白喉棒状杆菌异染颗粒明显。

十四、RV沙门菌增菌液体培养基

【配方】

大豆胨4.5g，六水合氯化镁29.0g，氯化钠8.0g，磷酸氢二钾0.4g，磷酸二氢钾0.6g，孔雀绿36mg，蒸馏水1000ml。

【制备方法】

除孔雀绿外，取上述配方成分，混合，微温溶解，调节pH使灭菌后在25℃的pH为5.2±0.2。加入孔雀绿，分装，115℃ 15min高压蒸汽灭菌。

【用途】

用于沙门菌选择性增菌培养。

十五、木糖赖氨酸脱氧胆酸盐琼脂培养基

【配方】

酵母浸出粉3.0g，*L*-赖氨酸5.0g，木糖3.5g，乳糖7.5g，蔗糖7.5g，氯化钠5.0g，硫代

硫酸钠6.8g，柠檬酸铁铵0.8g，脱氧胆酸钠2.5g，酚红80mg，琼脂13.5g，蒸馏水1000ml。

【制备方法】

除三种糖、酚红、琼脂外，取上述配方成分，混合，微温溶解，调节pH使加热后在25℃的pH为7.4±0.2，加入三种糖、酚红、琼脂，加热至沸腾，冷至50℃倾注无菌平皿（不能在高压蒸汽灭菌器中加热）。

【用途】

用于沙门菌的分离培养。

十六、庖肉培养基

【配方】

精瘦牛肉约300g，蒸馏水约1000ml。

【制备方法】

（1）将牛肉清洗干净，切成小粒后加入蒸馏水约1000ml。

（2）在火上反复煮沸，将漂浮的油脂弃掉，直至油脂完全消失，上清液即为牛肉浸液。

（3）将上述处理的牛肉渣装入15mm×150mm的试管中，每管约1g。

（4）将制好的牛肉浸液调pH至7.6，加入已装好牛肉渣的试管内，每管10～15ml。

（5）121℃ 20min高压蒸汽灭菌，置4℃冰箱保存备用。

【用途】

分离培养厌氧菌。

十七、梭菌增菌培养基

【配方】

蛋白胨10.0g，酵母浸出粉3.0g，牛肉浸出粉10.0g，盐酸半胱氨酸0.5g，可溶性淀粉1.0g，葡萄糖5.0g，乙酸钠3.0g，氯化钠5.0g，琼脂0.5g，蒸馏水1000ml。

【制备方法】

除葡萄糖外，取上述配方成分，混合，加热煮沸使溶解，并不断搅拌。如需要，调节pH为6.8。加入葡萄糖，混匀，分装，115℃ 15min高压蒸汽灭菌。

【用途】

用于梭菌的增菌培养和计数。

十八、亚碲酸钾血琼脂平板

【配方】

营养琼脂（pH7.6）100ml，1%亚碲酸钾水溶液4.5ml，10%葡萄糖水溶液2ml，无菌脱纤维羊血或兔血10ml。

【制备方法】

（1）将营养琼脂经121℃ 20min高压蒸汽灭菌。

（2）待冷却至40～50℃时，以无菌操作加入1%亚碲酸钾溶液、10%葡萄糖水溶液及无菌脱纤维羊血或兔血。三者混合均匀后，倾注于无菌平血中，凝固后待用。

【用途】

培养和鉴别白喉棒状杆菌。白喉棒状杆菌可将碲盐还原成金属碲，使菌落呈黑褐色。

【注意事项】

亚碲酸钾水溶液和葡萄糖水溶液只能115℃ 10min灭菌或滤过除菌。

十九、吕氏血清斜面

【配方】

牛血清30ml，1%葡萄糖肉浸液10ml。

【制备方法】

（1）将上述配方成分混合，分装于15mm×150mm的试管中，每管约4ml。

（2）斜置于血清凝固器内或干烤箱内，加热80～90℃约2h，使其完全凝固为止。

（3）间歇灭菌3次，冷后放入4℃冰箱保存备用。

【用途】

主要用于观察或鉴定白喉棒状杆菌，亦可用来观察色素的产生。

【注意事项】

本培养基营养丰富，白喉棒状杆菌培养10h即能生长，异染颗粒明显。在分装时，应避免产生气泡。在血清凝固器内或干烤箱内，温度不得高于90℃，否则可产生气泡，以致培养基表面凹凸不平。此培养基应含少量凝结水，有利于细菌的生长。

二十、罗氏培养基

【配方】

磷酸二氢钾（无水）0.96g，硫酸镁0.048g，柠檬酸镁0.012g，天门冬素0.72g，马铃薯粉6g，中性甘油2.4ml，新鲜鸡蛋8～10个，4.1%孔雀绿水溶液8ml。

【制备方法】

（1）除鸡蛋、马铃薯和指示剂外，将其余配方成分混合，置沸水浴中加热溶解后，加入马铃薯，继续加热30min，并且随时搅拌，使其成糊状。

（2）冷却至50～60℃时，加入事先用无菌玻璃棒打碎的全鸡蛋液和孔雀绿，充分混匀。

（3）分装于无菌试管中，每管约10ml，置成斜面，斜置于血清凝固器或80℃烤箱内，加热2h，待其完全凝固，注意避免产生气泡，置于4℃冰箱备用。

【用途】

培养结核分枝杆菌，其中孔雀绿能抑制杂菌生长。注意：制作好的培养基应有一定的凝水，以避免长期培养引起的干裂。

二十一、绿脓菌素测定培养基

【配方】

蛋白胨20g，氯化镁（无水）1.4g，硫化钾（无水）10g，甘油（化学纯）10g，琼脂粉18g，蒸馏水1000ml。

【制备方法】

（1）将蛋白胨、氯化镁、硫化钾和蒸馏水混合，加温使其充分溶解，调pH至7.4。

（2）煮沸后过滤，并以蒸馏水补足液量。

（3）加入甘油振摇均匀后再加入琼脂粉煮沸溶解，分装15mm×150mm试管，每管约5ml。121℃ 20min高压蒸汽灭菌，制成斜面备用。

【用途】

可促进绿脓菌素的形成，供测定绿脓菌素用。

二十二、溴化十六烷基三甲基铵培养基

【配方】

明胶胰酶水解物20.0g，氯化镁1.4g，溴化十六烷基三甲铵0.3g，硫酸钾10.0g，甘油10ml，琼脂13.6g，蒸馏水1000ml。

【制备方法】

除琼脂外，取上述配方成分，混合，微温溶解，调节pH为7.4，加入琼脂，加热煮沸1min，分装，121℃ 20min高压蒸汽灭菌。

【用途】

用于铜绿假单胞菌的分离培养。

二十三、柯索夫培养基

【配方】

蛋白胨0.4g，氯化钠0.7g，磷酸二氢钠0.48g，氯化钾0.7g，氯化钙0.02g，碳酸氢钠0.01g，磷酸二氢钾0.09g，无菌兔血清40ml，维生素B_{12} 0.8mg（注射液1支），蒸馏水500ml。

【制备方法】

（1）除兔血清、维生素B_{12}外，将以上其余配方成分混合，加热溶解后，调pH为7.2，121℃ 20min高压蒸汽灭菌，待冷却后备用。

（2）无菌操作加入无菌兔血清和维生素B_{12}制成8%的血清溶液。

（3）分装无菌试管中（15mm×150mm），每管10ml左右，置于56℃水浴1h，冷却后置4℃冰箱保存备用。

【用途】

培养钩端螺旋体。

二十四、糖、醇发酵培养基

【配方】

蛋白胨10g，氯化钠5g，糖粉剂（葡萄糖、乳糖、麦芽糖、甘露醇或蔗糖各5g），0.4%溴麝香草酚蓝指示液6ml，蒸馏水1000ml。

【制备方法】

（1）除糖外，将蛋白胨水和指示剂混合摇匀，调节pH为7.3，加入指示液混匀，分成5组。

（2）每100ml分别加入1种糖或醇0.5g，溶解，做好标记。

（3）分别装入已盛有集气小管的试管中，每管3ml左右，并标明红、黄、蓝、白、黑5种颜色（分别代表葡萄糖、乳糖、麦芽糖、甘露醇、蔗糖）。

（4）116℃ 15min高压蒸汽灭菌，置4℃冰箱中备用。

【用途】

主要用于检测细菌对各种糖的发酵能力，若细菌产酸则pH下降，培养基可由蓝色转变成黄色；如果细菌分解糖产酸和产气，那么可见培养基变黄色和集气管内有气泡。

二十五、柠檬酸盐培养基

【配方】

磷酸二氢铵0.1g，磷酸氢二钾0.1g，柠檬酸钠0.5g，硫酸镁0.02g，氯化钠0.5g，琼脂粉1.5g，蒸馏水100ml，0.5%溴麝香草酚蓝乙醇溶液（指示剂）2ml。

【制备方法】

（1）除指示剂和琼脂粉外，将上述配方成分溶解于水中。

（2）用1mol/L NaOH调pH到6.8，再加入琼脂粉和指示剂，并加热至琼脂粉完全溶解为止。

（3）分装于15mm×150mm试管中，每管5～7ml，121℃ 20min高压蒸汽灭菌，制成斜面备用（冷却后，培养基应为绿色）。

【用途】

柠檬酸盐利用实验。

二十六、乙酸铅培养基

【配方】

蛋白胨水培养基100ml，乙酸铅0.2g，硫代硫酸钠0.25g，琼脂粉0.2g。

【制备方法】

（1）除琼脂粉外，将上述配方成分溶解。

（2）加入琼脂粉，加温使琼脂粉溶解。

（3）分装12mm×120mm试管中，每管约3ml，121℃ 20min高压蒸汽灭菌，置4℃冰箱保存备用。

【用途】

硫化氢实验。

二十七、尿素琼脂斜面培养基

【配方】

蛋白胨0.1g，氯化钠0.5g，葡萄糖0.1g，磷酸二氢钾0.2g，琼脂粉1.5g，20%尿素水溶液（滤过除菌）10ml，0.4%酚红水溶液（指示剂）3ml，蒸馏水90ml。

【制备方法】

（1）除尿素和指示剂外，将其余配方依次加于水中加热溶解。

（2）调节pH至7.2，再加入指示剂混匀，经121℃ 15min高压蒸汽灭菌。

（3）冷却至55℃左右时加入无菌尿素水溶液10ml，混匀，分装于15mm×150mm无菌试管中，每管3～4ml，制成斜面备用。

【用途】

尿素酶实验。

【注意事项】

（1）尿素不耐热，可用滤菌器过滤除菌。

（2）尿素不能久存，需要新鲜配制。

二十八、丙二酸钠培养基

【配方】

酵母浸膏1g，硫酸铵2g，磷酸氢二钾5g，磷酸二氢钾0.4g，氯化钠2g，丙二酸钠3g，0.4%溴麝香草酚蓝指示剂6ml，蒸馏水1000ml。

【制备方法】

先将酵母浸膏和盐类混合加热溶解后调整pH至6.8，再加入6ml溴麝香草酚蓝指示剂，分装试管。121℃15min高压蒸汽灭菌。

【用途】

用于细菌丙二酸盐利用实验。

二十九、乙酸盐利用琼脂培养基

【配方】

氯化钠5g，乙酸钠2.5g，七水硫酸镁 0.2g，琼脂13g，磷酸二氢铵1g，1%溴麝香草酚蓝乙醇溶液10ml，磷酸二氢钾1g，蒸馏水1000ml。

【制备方法】

先将除溴麝香草酚蓝乙醇溶液外的配方成分加热溶解于水中，调整pH至6.8，再加入10ml溴麝香草酚蓝乙醇溶液，混匀后分装试管。115℃15min高压蒸汽灭菌，制成斜面。

【用途】

用于细菌乙酸盐利用实验。

三十、硝酸盐胨水培养基

【配方】

硝酸钾22g，蛋白胨10g，酵母浸出粉3g，蒸馏水1000ml。

【制备方法】

将各配方加热溶解后，调整pH至7.4，分装于试管中，121℃15min高压蒸汽灭菌。

【用途】

用于检测某些具有还原硝酸盐能力的细菌，可将硝酸盐还原为亚硝酸盐、氨或氮气等。亚硝酸盐的存在可用硝酸试剂检验。

三十一、马尿酸钠培养基

【配方】

马尿酸钠1g，100ml肉浸液。

【制备方法】

马尿酸钠1g溶于100ml肉浸液中，分装于小试管内，121℃，20min高压蒸汽灭菌。

【用途】

用于弯曲杆菌的马尿酸钠水解实验。

三十二、赖氨酸脱羧酶培养基

【配方】

蛋白胨5g，酵母浸粉3g，葡萄糖1g，1.6%溴甲酚紫乙醇溶液1ml，赖氨酸0.5g，液体石蜡，蒸馏水1000ml。

【制备方法】

将除赖氨酸外的各配方加蒸馏水1000ml充分溶解，调整pH至6.8，再按0.5%比例加入赖氨酸分装试管，每管2.5ml，向试管内滴加一层液体石蜡，116℃ 10min高压蒸汽灭菌。

【用途】

用以鉴别肠道菌属能否产生赖氨酸脱羧酶。

三十三、苯丙氨酸脱氨酶培养基

【配方】

氯化钠0.5g，琼脂1.2g，*DL*-苯丙氨酸0.2g，磷酸二氢钠0.1g，酵母浸膏0.3g，蒸馏水100ml。

【制备方法】

将配方中各成分加热溶解调整pH至7.4后，分装试管，121℃ 15min高压蒸汽灭菌，制成斜面，4℃保存备用。

【用途】

用于苯丙氨酸脱氨酶实验。

三十四、甘露醇氯化钠琼脂培养基

【配方】

胰酪胨5.0g，牛肉浸出粉1.0g，动物组织胃蛋白酶水解物5.0g，*D*-甘露醇10.0g，氯化钠75.0g，酚红25mg，琼脂15.0g，蒸馏水1000ml。

【制备方法】

除*D*-甘露醇、酚红、琼脂外，取上述配方成分，混合，微温溶解，调节pH为7.4，加热并振摇，加入*D*-甘露醇、酚红、琼脂，煮沸1min，分装，115℃ 15min高压蒸汽灭菌。

【用途】

用于金黄色葡萄球菌的选择性分离培养。

三十五、麦康凯液体培养基

【配方】

明胶胰酶水解物2.0g，乳糖10.0g，牛胆盐5.0g，溴甲酚紫10.0mg，蒸馏水1000ml。

【制备方法】

除乳糖、溴甲酚紫外，取上述配方成分，混合，微温溶解，调节pH为7.3，加入乳糖、溴甲酚紫，分装115℃ 15min高压蒸汽，灭菌。

【用途】

用于大肠埃希菌选择性增菌及选择性分离培养。

三十六、麦康凯琼脂培养基

【配方】

明胶胰酶水解物17.0g，蛋白胨3.0g，乳糖10.0g，脱氧胆酸钠1.5g，氯化钠5.0g，中性红30.0mg，结晶紫1mg，琼脂13.5g，蒸馏水1000ml。

【制备方法】

除乳糖、中性红、结晶紫、琼脂外，取上述配方成分，混合，微温溶解，调节pH为7.1，加入乳糖、中性红、结晶紫、琼脂，煮沸1min，并不断振摇，分装，115℃ 15min高压蒸汽灭菌。

【用途】

用于肠道致病菌的选择性分离培养。

三十七、伊红-亚甲蓝（EMB）琼脂平板

【配方】

蛋白胨1g，氯化钠0.5g，乳糖1g，2%伊红水溶液2ml，0.5%亚甲蓝水溶液1ml，琼脂粉1.5～2g。

【制备方法】

（1）除琼脂粉和指示剂外，将其余配方成分混合溶解，调pH至7.6。

（2）115℃ 10min高压蒸汽灭菌，冷至50～60℃时，无菌操作法分别加入无菌的2%

伊红水溶液和0.5%亚甲蓝水溶液，混匀。

（3）倾注于无菌平皿内，每皿约10ml，凝固后，经37℃恒温培养箱过夜，次日取出无污染即可使用。

【用途】

供致病性肠道杆菌的分离鉴定。

三十八、中国蓝琼脂平板

【配方】

蛋白胨2.0g，牛肉膏1.0g，氯化钠0.5g，乳糖1.0g，琼脂粉1.5g，1%中国蓝水溶液0.5ml，1%玫瑰红酸乙醇溶液1ml，蒸馏水100ml。

【制备方法】

（1）除指示剂外，将上述配方成分混合溶解于水中，115℃ 10min高压蒸汽灭菌。

（2）1%中国蓝水溶液经121℃ 20min灭菌。

（3）取出培养基冷却至50～60℃时，无菌操作加入1%中国蓝水溶液0.5ml和1%玫瑰红酸乙醇溶液1ml充分摇匀后，倾注平板，置4℃冰箱保存备用。

（4）接种前先取出培养基放于37℃恒温培养箱中孵育1h左右，使其表面干燥，以便于细菌分离。

【用途】

沙门菌属、志贺菌属等肠道致病菌的分离。

【注意事项】

在制备时，需要注意pH的准确性，过酸和过碱都不适合用作培养基。中国蓝琼脂平板是鉴别培养基，其中玫瑰红酸能抑制革兰阳性细菌的生长，但对大肠埃希菌的抑制作用较弱。中国蓝为指示剂，酸性时呈蓝色，碱性时无色。大肠埃希菌能分解乳糖，产酸，菌落呈蓝色，菌落中心为深蓝色，沙门菌及志贺菌不分解乳糖，菌落为无色半透明。

三十九、沙门-志贺（SS）琼脂平板

【配方】

蛋白胨1g，乳糖1g，胆盐1g，枸橼酸钠1.4g，硫代硫酸钠1g，枸橼酸铁0.05g，牛肉浸膏0.5g，琼脂粉1.8g，0.5%中性红水溶液0.45ml，0.01%煌绿溶液1ml，蒸馏水100ml。

【制备方法】

（1）除琼脂粉和指示剂外，将上述配方成分混合加热溶解，调pH至7.4。

（2）加入琼脂粉和指示剂，再加热使琼脂粉完全溶解，倾注无菌平皿，备用。

【用途】

用于分离沙门菌和志贺菌。

四十、双糖铁琼脂培养基

【配方】

牛肉浸出粉3g，蛋白胨20g，氯化钠5g，硫代硫酸钠0.3g，柠檬酸铁0.3g，酵母浸出粉3g，葡萄糖1g，乳糖10g，琼脂粉12～15g，0.2%酚磺酞指示剂12.5ml，蒸馏水1000ml。

【制备方法】

（1）除指示剂和琼脂粉外，将上述配方混合，加热溶解，调pH至7.3。

（2）加入琼脂粉，煮沸溶解，再加入酚磺酞指示剂。

（3）分装于15mm×150mm试管中，每管约8ml，121℃ 15min高压蒸汽灭菌，制成高底层（2～3cm）短斜面，置4℃冰箱保存即可。

【用途】

供致病性肠道杆菌鉴定使用，致病性肠道杆菌多不分解乳糖，可分解葡萄糖，因此培养基底部变黄，斜面颜色不变仍为红色。细菌若能分解葡萄糖和乳糖，则产酸量多，指示剂使培养基由红变黄。若细菌分解糖产气，则可以看见培养基底部有气泡；若细菌分解含硫氨基酸产生硫化氢，则培养基中有黑色沉淀物产生。

四十一、三糖铁琼脂培养基

【配方】

蛋白胨20.0g，牛肉浸出粉5.0g，乳糖10.0g，蔗糖10.0g，葡萄糖1.0g，硫酸亚铁0.2g，硫代硫酸钠0.2g，氯化钠5.0g，0.2%酚磺酞指示液12.5ml，琼脂12～15g，蒸馏水1000ml。

【制备方法】

除三种糖、0.2%酚磺酞指示液、琼脂外，取上述配方成分，混合，微温溶解，调节pH为7.3，加入琼脂，加热溶解后，再加入其余各成分，摇匀，分装，115℃ 15min高压蒸汽灭菌，制成高底层（2～3cm）短斜面。

【用途】

用于肠杆菌科细菌的生化反应筛选。

四十二、Elek琼脂培养基

【配方】

肝化汤（pH7.6）100ml，3%麦芽糖10ml，0.9%乳酸钙水溶液10ml，蛋白胨0.5g，无菌小牛血清20ml，琼脂粉1.5g。

【制备方法】

除小牛血清外，将其余配方成分先混合后，112℃ 15min高压蒸汽灭菌，冷却至50℃左右时，加入无菌小牛血清，混匀，倾注于无菌平血中，待凝后备用。

【用途】

测定白喉棒状杆菌产毒能力。

四十三、明胶培养基

【配方】

蛋白胨5g，明胶120g，牛肉浸出粉3g，蒸馏水1000ml。

【制备方法】

（1）取上述成分加入蒸馏水中，浸泡约20min，加热溶解，调节pH为7.3。

（2）分装试管，每管3～5ml，55.16kPa 15min高压蒸汽灭菌，置4℃冰箱保存备用。

【用途】

明胶液化实验。

【注意事项】

此培养基加热时间不宜过久，加热的次数不宜过多，否则，明胶将失去凝固力而不能凝固。

四十四、苯酚琼脂平板

【配方】

营养琼脂100ml，1∶10苯酚水溶液1ml。

【制备方法】

将1∶10苯酚水溶液加入已溶解的营养琼脂中，充分摇匀混匀，倾注无菌平板，凝固后置4℃冰箱保存备用。

【用途】

变形杆菌鞭毛变异的观察。

四十五、沙氏葡萄糖琼脂培养基

【配方】

蛋白胨1g，葡萄糖4g，琼脂粉1.5g，蒸馏水100ml。

【制备方法】

依次混合以上配方，加热使其完全溶解，并分装于15ml×150ml的大试管中，每管约6ml，115℃ 10min高压蒸汽灭菌，取出置成斜面，冷却凝固后备用。

【用途】

培养真菌。

【注意事项】

培养基不必矫正pH。用于芽管形成实验，琼脂浓度可为1.5%。

四十六、硫乙醇酸盐流体培养基

【配方】

胰酪胨15.0g，酵母浸出粉5.0g，葡萄糖5.5g/5.0g，*L*-胱氨酸0.5g，氯化钠2.5g，硫乙醇酸钠0.5g（或硫乙醇酸0.3ml），新配制的0.1%刃天青溶液1.0ml，琼脂0.75g，蒸馏水1000ml。

【制备方法】

除葡萄糖和0.1%刃天青溶液外，取上述配方成分混合，微温溶解，调节pH为弱碱性，煮沸，滤清，加入葡萄糖和0.1%刃天青溶液，摇匀，调节pH为7.1。分装至适宜的容器中，其装量与容器高度的比例应符合培养结束后培养基氧化层（粉红色）不超过培养基深度的1/2。115℃ 15min高压蒸汽灭菌。在供试品接种前，培养基氧化层的高度不得超过培养基深度的1/3，否则，须经100℃水浴加热至粉红色消失（不超过20min），迅速冷却，只限加热1次，并防止被污染。

【用途】

用于药品、生物制品无菌检测，检测需氧菌和厌氧菌。

四十七、抗生素效价检定用培养基Ⅲ

【配方】

胨5g，牛肉浸出粉1.5g，酵母浸出粉3g，葡萄糖1g，磷酸氢二钾3.68g，磷酸二氢钾1.32g，氯化钠3.5g，蒸馏水1000ml。

【制备方法】

除葡萄糖外，充分混合上述配方成分，加热溶解后滤过，加入葡萄糖溶解后，摇匀，调节pH使灭菌后pH为7.0～7.2，在115℃灭菌30min。

【用途】

用于浊度法检测抗生素效价。

四十八、牛心脑浸液血琼脂平板

【配方】

牛脑浸粉4.0g，牛心浸粉4.0g，蛋白胨5.0g，酪蛋白胨16.0g，氯化钠5.0g，葡萄糖2.0g，磷酸氢二钠2.5g，琼脂13.5g，蒸馏水1000ml，无菌脱纤维羊血100ml。

【制备方法】

（1）将上述配方成分（除羊血外）置三角烧瓶或大容量烧杯中，加热溶解，调节pH至7.4，121℃，15min高压蒸汽灭菌处理。

（2）待冷却至50℃左右时，以无菌操作加入无菌脱纤维羊血混匀，倾注于无菌平皿中，凝固后待用。

【用途】

用于细菌的增菌培养，尤其是适于培养要求苛刻的细菌。

（迟茜文　吴道艳）

附录4 常用染色液的配制

一、革兰氏染色液

1. 结晶紫染色液

【材料】

结晶紫1g，95%乙醇20ml，1%草酸铵水溶液80ml。

【配制方法】

（1）将结晶紫溶解于95%乙醇，得结晶紫乙醇饱和液。

（2）与1%草酸铵水溶液混合，即为使用液。

（3）放置于室温24h，过滤后备用。

2. 复方碘溶液

【材料】

碘化钾2g，碘1g，蒸馏水300ml。

【配制方法】

（1）先将碘化钾溶解于少量蒸馏水中，加碘，使之完全溶解。

（2）加蒸馏水定容至300ml，储存于棕色瓶内备用。

【注意】

如果溶液变为浅黄色则不能使用。

3. 稀释石碳酸品红染色液

【材料】

石碳酸酸品红1g，95%乙醇10ml，5%的苯酚90ml，蒸馏水900ml。

【配制方法】

（1）将石炭酸品红溶解于95%乙醇中，与5%的苯酚混合，即得石炭酸品红乙醇饱和液。

（2）用时将此饱和液加蒸馏水稀释10倍，即为稀释石碳酸品红染色液。

二、碱性亚甲蓝复染液

【材料】

（1）甲液：亚甲蓝3g，95%乙醇30ml。

（2）乙液：KOH 0.01g，蒸馏水100ml。

【配制方法】

（1）将亚甲蓝和KOH分别溶解于95%乙醇和蒸馏水中，制备甲液和乙液，将两液混合均匀，置棕色瓶内备用。

（2）使用时用蒸馏水稀释10倍。

三、抗酸染色液

1.石炭酸品红染色液

【材料】

石炭酸品红1g，95%乙醇10ml，5%的苯酚90ml。

【配制方法】

将石炭酸品红先溶于95%乙醇中，再加入5%的苯酚混合均匀，置棕色瓶内备用。

2.3%盐酸乙醇脱色液

【材料】

浓盐酸3ml，95%乙醇10ml。

【配制方法】

将浓盐酸缓慢加入95%乙醇中，混合均匀，置棕色瓶内备用。

3.碱性亚甲蓝复染液

【材料】

（1）甲液：亚甲蓝3g，95%乙醇30ml。

（2）乙液：KOH 0.01g，蒸馏水100ml。

【配制方法】

先将亚甲蓝溶解于95%乙醇中，即为甲液。再将KOH溶解于蒸馏水中，最后将甲液和乙液两者混合，置棕色瓶内备用。

四、阿尔伯特染色液（Albert染色液）

1.甲液

【材料】

甲苯胺蓝0.15g，孔雀绿0.2g，95%乙醇2ml，冰醋酸1ml，蒸馏水100ml。

【配制方法】

分别将上述材料依次溶解于蒸馏水中，配好后室温放置24h，滤纸过滤，装入棕色瓶中即可。

2.乙液

【材料】

碘化钾3g，碘2g，蒸馏水300ml。

【配制方法】

先将碘化钾溶解于少量蒸馏水中，再加碘，待完全溶解后加入蒸馏水定容至300ml，装入棕色瓶备用。

五、品红亚甲蓝芽孢染液

1.初染液　石碳酸品红染色液（材料见前文）。

2.脱色液　95%乙醇。

3.复染液　碱性亚甲蓝染色液（材料见前文）。

六、荚膜染色液——Hiss（结晶紫-硫酸铜）染色液

1.甲液

【材料】

结晶紫乙醇饱和液5ml，蒸馏水95ml。

【配制方法】

取结晶紫乙醇饱和液加入蒸馏水，混匀置于棕色瓶内保存备用即可。

2.乙液（20%硫酸铜溶液）

【材料】

无水硫酸铜20g，蒸馏水100ml。

【配制方法】

取结无水硫酸铜置于100ml容量瓶中，加入蒸馏水定容，混匀保存备用。

七、鞭毛染色液

1.石炭酸品红染色液

【材料】

（1）甲液：50g/L苯酚5ml，200g/L鞣酸液2ml，饱和硫酸铝钾液2ml。

（2）乙液：石炭酸品红乙醇饱和液（见前文）。

【配制方法】

使用前，将9份甲液、1份乙液混合后过滤制成鞭毛染液，过滤后3天使用最佳。

2. 硝酸银鞭毛染色液

【材料】

（1）甲液：鞣酸5g，三氯化铁1.5g，15%甲醛2ml，1% NaOH 1ml，蒸馏水100ml。

（2）乙液：硝酸银2g，蒸馏水100ml。

【配制方法】

使用当日，先取90ml乙液，逐滴加入15%氢氧化铵溶液，至所产生的棕色沉淀物经摇动溶解为止，再将剩余的乙液慢慢滴入上述溶液中，至溶液先出现薄雾，经摇动消失，再滴入乙液并摇动至保持轻微而稳定的薄雾。

八、镀银染色液（Fontana镀银染色液）

【材料】

冰醋酸1ml，4%甲醛溶液20ml，鞣酸5g，硝酸银1g，蒸馏水250ml，100ml氢氧化铵10ml。

【配制方法】

（1）固定液：先将冰醋酸和甲醛溶液混合，再加蒸馏水100ml混匀置于棕色瓶内保存备用。

（2）媒染剂：将鞣酸溶解于少量的蒸馏水中，待完全溶解后加足所需溶液量定容至100ml，并充分混匀置于棕色瓶内保存备用即可。

（3）硝酸银熔液：将硝酸银溶解于50ml蒸馏水中，并充分混匀置于棕色瓶内保存备用。

【注意事项】

（1）在临用前取100g/L氢氧化铵10ml溶液慢慢滴入银溶液中，至所产生的棕色沉淀物经摇动溶解至微现乳白色。

（2）标本涂片宜薄，自然风干（不用火焰固定），滴加固定液作用1～2min，用无水乙醇洗涤即可。

九、乳酸酚棉蓝染色液

【材料】

苯酚20g，乳酸20ml，甘油40ml，棉蓝0.05g，蒸馏水20ml。

【配制方法】

将苯酚加热溶解于蒸馏水中，乳酸、甘油也分别溶解于蒸馏水中，微微加热，再加入棉蓝，摇匀，滤纸过滤，装入棕色瓶即可。

十、瑞特（Wright）染色液

【材料】

瑞特染料0.1g，甲醛60ml，甘油3ml。

【配制方法】

将0.1g瑞特染料放入洁净的乳钵中研细，加入少量的甲醛继续研磨，待染料全部溶解后，倒入棕色瓶内，再用剩余的甲醛将乳钵中染料逐渐洗入瓶内保存，并加入甘油3ml，以防止染色时甲醛蒸发过快，同时也使细胞染色较清晰。

十一、细胞壁染色法

【材料】

5%鞣酸水溶液，5%结晶紫染色液，5%刚果红水溶液。

【染色方法】

涂片自然风干后，插入5%鞣酸水溶液染色缸中，经30～60min后，倾去鞣酸，不用水洗；再加5%结晶紫染色液染色，2min后水洗；最后加5%刚果红水溶液染色2～3min，水洗，吸干，镜检即可。

【染色结果】

细胞壁呈紫色，细胞质为无色。

十二、细菌核质染色法

【材料】

1%铌酸水溶液，0.5%亚甲蓝染色液，1mol/L盐酸。

【染色方法】

将幼龄菌涂片自然风干后，将涂片反盖于装有1%铌酸水溶液的瓶口上，以铌酸蒸汽固定5min。再将涂片放入装有1mol/L盐酸的染色缸中，染色缸置于56℃水浴6min，取出后水洗。最后用0.5%亚甲蓝染色液染色20～30s后，水洗，吸干，镜检即可。

【染色结果】

核质呈分散的蓝色颗粒，胞质着色极淡。

（迟茜文）

附录5 常用试剂、消毒剂和缓冲液的配制

一、常用试剂的配制

1. 生理盐水

【材料】

氯化钠0.85g，蒸馏水100ml。

【配制方法】

（1）称取0.85g氯化钠，加入蒸馏水至100ml，分装于试剂瓶或试管内。

（2）高压蒸汽灭菌（121℃ 20min），常温保存备用。

2. 2.5%碘酒

【材料】

碘2.5g，95%乙醇100ml，碘化钾 2.5g，蒸馏水 15ml。

【配制方法】

（1）将碘和碘化钾依次溶解于15ml蒸馏水中，再加入95%乙醇定容至100ml；

（2）置室温保存备用。

3. 1mol/L氢氧化钠溶液

【材料】

NaOH 4g，蒸馏水100ml。

【配制方法】

取4g NaOH加入蒸馏水溶解定容至100ml，置于瓶内备用。

4. 0.04%溴甲酚紫溶液

【材料】

溴甲酚紫0.1g，0.1mol/L NaOH 1.85ml，蒸馏水250ml。

【配制方法】

（1）取0.1g溴甲酚紫于乳钵中，缓慢加入0.1mol/L NaOH 1.85ml并同时研磨，使之均匀。

（2）将研磨好的溴甲酚紫液放于250ml容量瓶中，再加蒸馏水定容至250ml完全溶解，即得0.04%溴甲酚紫溶液。

（3）置棕色瓶中保存备用。

5. 0.4%甲醛盐水

【材料】

生理盐水1000ml，36%～38%甲醛11ml。

【配制方法】

（1）取11ml 36%～38%甲醛加入1000ml容量瓶内，用生理盐水定容至1000ml。

（2）置棕色瓶保存备用。

6. 0.25%胰蛋白酶溶液

【材料】

胰蛋白酶0.25g，PBS 100ml。

【配制方法】

（1）取0.25g胰酶，加入PBS溶解，移至容量瓶内定容至100ml。

（2）用无菌滤器滤过除菌，分装至无菌试剂瓶内，每瓶约10ml，置–20℃保存备用。

7. 0.02% 乙二胺四乙酸二钠（EDTA）溶液

【材料】

EDTA 0.02g，磷酸二氢钾0.02g，氯化钠0.8g，葡萄糖0.02g，氯化钾0.02g，磷酸氢钡0.05g，蒸馏水100ml。

【配制方法】

（1）将EDTA、氯化钠、氯化钾、磷酸氢钡、磷酸二氢钾、葡萄糖分别溶解于蒸馏水中，充分混匀。

（2）调pH至7.2，定容至100ml，适量分装于瓶内。

（3）121℃ 20min高压蒸汽灭菌后，置4℃保存备用。

8. 吲哚试剂

（1）材料：对二甲基氨基苯甲醛2g，95%乙醇190ml，浓盐酸40ml。

（2）配制方法：将对二甲基氨基苯甲醛溶解于95%乙醇中，缓慢加入浓盐酸充分混匀，置棕色瓶内保存备用。

9. 甲基红试剂

【材料】

甲基红0.1g，95%乙醇300ml，蒸馏水200ml。

【配制方法】

将甲基红溶解于95%乙醇中，加蒸馏水定容至500ml充分混匀，置棕色瓶内保存备用。

10. V-P试剂

【材料】

（1）甲液：α-萘酚5g，无水乙醇100ml。

（2）乙液：氢氧化钾40g，蒸馏水100ml。

【配制方法】

（1）将α-萘酚溶解于无水乙醇中定容至100ml，制成甲液，置棕色瓶内保存备用。

（2）将氢氧化钾溶解于蒸馏水定容至100ml，制成乙液，置棕色瓶内保存备用。

11. 硝酸盐还原实验试剂

【材料】

（1）甲液：氨基苯磺酸0.4g，5mol/L冰醋酸50ml。

（2）乙液：5mol/L冰醋酸50ml，α-萘胺0.75g。

【配制方法】

（1）将氨基苯磺酸溶解于5mol/L冰醋酸中，制得甲液。

（2）将α-萘胺溶解于5mol/L冰醋酸中，制得乙液。

（3）将甲、乙两液分别装入棕色瓶，置4℃冰箱保存备用。

12. 3.8%柠檬酸钠抗凝剂

【材料】

柠檬酸钠3.8g，蒸馏水100ml。

【配制方法】

（1）将柠檬酸钠溶解于蒸馏水，定容至100ml，充分混匀后定量分装。

（2）高压蒸汽灭菌（121℃ 20min），置4℃冰箱保存备用。

13. 1%肝素溶液

【材料】

肝素1g，生理盐水100ml。

【配制方法】

（1）将肝素溶解于蒸馏水，定容至100ml，充分混匀后定量分装。

（2）1%肝素溶液0.1ml可抗凝血液5～10ml。

14. 阿氏（Alsever）红细胞保存液

【材料】

葡萄糖2.05g，柠檬酸钠（柠檬酸三钠）0.8g，氯化钠0.42g，柠檬酸0.055g，蒸馏水100ml。

【配制方法】

（1）将葡萄糖、柠檬酸钠、氯化钠、柠檬酸分别溶解于蒸馏水，充分混匀，滤纸过滤。

（2）分装于无菌小瓶，每瓶约50ml。

（3）高压蒸汽灭菌（112℃ 20min），置4℃保存备用。

二、常用消毒剂的配制

1. 0.1%苯扎溴铵消毒液

【简介】

苯扎溴铵又称十二烷基二甲基苄基溴化铵，常温下为白色或淡黄色胶体状或粉末，低温时可能逐渐形成蜡状固体，带有芳香气味。苯扎溴铵兼有消毒和去垢的功能，对金属无腐蚀性，因此常用于设备表面的消毒。

【配制方法】

用量筒量取980ml蒸馏水倒入配液桶中，再用量筒量取20ml 5%苯扎溴铵倒入配液桶中，搅拌混匀后备用，在容器上贴标签，注明品名、浓度、配制时间、配制人。

【注意事项】

常用的苯扎溴铵消毒液还有0.3%浓度的，配制方法与0.1%浓度的类似，于310ml的蒸馏水中加入20ml 5%的苯扎溴铵即可。

2. 3%甲酚皂消毒液

【简介】

甲酚皂消毒液是甲酚的皂化液，又称来苏尔溶液，为黄棕色至红棕色的黏稠液体，能与乙醇混合成澄清液体，适用于手部和器械的消毒，市售的商品化消毒液一般为50%浓度的，不可直接使用。

【配制方法】

用量筒量取1000ml水倒入配液桶中，再用量筒量取64ml 50%甲酚皂溶液倒入配液桶中，搅拌混匀后备用，在容器上贴标签，注明品名、浓度、配制时间、配制人。

【注意事项】

甲酚皂消毒液对皮肤具有一定的腐蚀和刺激性作用，不宜长期用于手部消毒。另外，甲酚属于剧毒物品，不可食用，人若误食8g很快就会死亡，但对皮肤的毒性较弱，我们使用的浓度又相对较低，因此也不用过度紧张。常用的甲酚皂消毒液的浓度还有5%，配制方法是将110ml 50%的甲酚皂溶液溶于1000ml蒸馏水中即可。

3. 75%乙醇溶液

【简介】

乙醇是实验室最常用的消毒液之一，易燃易爆，能与水任意比例混溶。常用于皮肤、工具、设备、容器、房间的消毒，一般市售乙醇溶液浓度为75%与95%两种，若为75%乙醇溶液可直接用于物品及皮肤等消毒，若为95%乙醇溶液则需加蒸馏水稀释至浓度为75%后方可用于消毒。

【配制方法】

在100ml干燥洁净的容量瓶中加入78.9ml的95%乙醇溶液，用蒸馏水定容至100ml的刻度线，然后转移到试剂瓶中并贴上标签，注明品名、浓度、配制时间、配制人。

【注意事项】

乙醇属于高度易燃的化学物质，即使产生静电都有可能将其引燃，因此在存放过程中应该远离热源和各种用电设备，如我们实验室的蒸汽压力灭菌锅、水浴锅及干燥箱等。

4. 3% H_2O_2溶液

【简介】

过氧化氢（H_2O_2）又称双氧水，可以任意比例与水混溶，是一种强氧化剂，为无色透明液体。H_2O_2溶液适用于医用伤口消毒及环境消毒和食品消毒。市售H_2O_2溶液一般都是30%浓度，不宜直接用于消毒。

【配制方法】

用量筒量取90ml蒸馏水倒入烧杯中，量取10ml 30% H_2O_2溶液缓慢倒入烧杯中，搅拌混匀后移入试剂瓶中备用，在容器上贴标签，注明品名、浓度、配制时间、配制人。

【注意事项】

H_2O_2虽然本身不燃，但与一些还原性物质接触会分解产生大量的热和氧气，因此也属于爆炸性强氧化剂。因此，30% H_2O_2溶液存放时也应远离易燃物品，另外，大多数重金属及其氧化物和盐类都是H_2O_2的强催化剂，也不应一起存放，以免引起H_2O_2的失效。

5. 5%苯酚溶液

【简介】

苯酚又称石炭酸，是一种具有特殊气味的无色针状晶体，有毒，可使菌体蛋白变性，从而发挥杀菌作用，可用于消毒外科器械和排泄物的处理，皮肤杀菌、止痒及中耳炎。苯酚有腐蚀性，接触后会使局部蛋白质变性，溶液粘到皮肤上可用乙醇洗涤。

【配制方法】

取5g苯酚加入100ml容量瓶内，加入蒸馏水定容至100ml，充分溶解后转移至试剂瓶中并贴标签，注明品名、浓度、配制时间、配制人。

【注意事项】

高浓度的苯酚具有强刺激性和腐蚀性，因此在配制过程中需要穿戴护目镜、手套等必要的保护装备。苯酚应储存于阴凉、通风的药品库房。远离火种、热源，避免光照，储存温度不可超过30℃。

三、常见缓冲液的配制

1. 磷酸盐缓冲液（PBS）

【材料】

（1）1/15mol磷酸二氢钠溶液（A液）：9.465g 磷酸二氢钠溶解于蒸馏水定容至1000ml。

（2）1/15mol磷酸二氢钾溶液（B液）：9.08g磷酸二氢钾溶解于蒸馏水定容至1000ml。

【配制方法】

取A液和B液，按下表将混合，即可得到不同pH的缓冲液（附表5-1）。

附表5-1　不同pH磷酸盐缓冲液的配制

pH	A液（ml）	B液（ml）	pH	A液（ml）	B液（ml）
6.0	12	88	7.2	73	27
6.2	18	82	7.4	81	19
6.4	29	71	7.6	86.8	13.2
6.6	37	63	7.8	91.5	8.5
6.8	50	50	8.0	94.4	9.6
7.0	63	37	8.2	97.0	3.0

2. Hank's液

【材料】

氯化钠8g，无水氯化钙0.14g，七水硫酸镁0.1g，磷酸二氢钠0.06g，磷酸二氢钾0.06g，碳酸氢钠0.35g，葡萄糖1g，0.1%酚红1ml，三蒸水。

【配制方法】

（1）甲液：将0.06g磷酸二氢钠、0.06g磷酸二氢钾、0.1g 七水硫酸镁、1g葡萄糖、8g氯化钠溶于750ml三蒸水中，充分溶解。

（2）乙液：称取0.14g无水氯化钙倒入100ml三蒸水中充分溶解，将乙液倒入甲液中混合均匀。

（3）称取0.35g碳酸氢钠溶于37℃100ml三蒸水中，加入1ml 0.1%酚红溶液混合均匀后加入甲乙混合液，移入1000ml容量瓶中用三蒸水定容至1000ml。

（4）滤过除菌，小瓶分装，4℃冷藏保存，或分装后115℃高压蒸汽灭菌20min 4℃冷藏保存，临用前用7.5%碳酸氢钠调整pH至7.2～7.4。

（迟茜文　吴道艳）

附录6　菌种保藏技术

菌种保藏技术是微生物学的重要实验技术。微生物由于遗传特性不同，所需要采用的保藏方法也不尽相同。良好有效的保藏方法，不但需要保持菌种的优良性状不变，而且需要考虑方法的简便性、通用性以及操作的便捷性和设备的普及性。目前，国内有多家微生物菌种保藏中心，如中国普通微生物菌种保藏管理中心（China General Microbiological Culture Collection Center，CGMCC）、中国药学微生物菌种保藏管理中心（China Pharmaceutical Culture Collection，CPCC）等；国外知名的微生物保藏中心有美国模式菌种保藏中心（American Type Culture Collection，ATCC）、德国微生物菌种保藏中心（Deutsche Sammlung von Mikroorganismen und Zellkulturen，DSMZ）等（附表6-1）。如有需要可以从上述菌种保藏中心获得丰富的微生物种类资源供研究人员购买和使用，下面介绍几种常用的菌种保藏方法：

附表6-1　国内主要菌种保藏机构

单位名称	英文名称	简称
中国普通微生物菌种保藏管理中心	China General Microbiological Culture Collection Center	CGMCC
中国农业微生物菌种保藏中心	Agricultural Culture Collection of China	ACCC
中国工业微生物菌种保藏中心	China Center of Industrial Culture Collection	CICC
中国药学微生物菌种保藏管理中心	China Pharmaceutical Culture Collection	CPCC
中国疾病预防控制中心病原微生物保藏中心	Chinese Center for Disease Control and Prevention	CDC
中国兽医微生物菌种保藏管理中心	China Veterinary Culture Collection Center	CVCC
中国林业微生物菌种保藏管理中心	China Forestry Culture Collection Center	CFCC

一、甘油悬液保藏法

此法比较简便，将菌种悬浮在灭菌的甘油蒸馏水中，置于低温下保藏即可。操作简单，不需要特殊技术和设备，只需要置于低温冰箱即可。将保藏菌种对数期的培养液直接与经高压蒸汽灭菌的甘油混合，甘油终浓度在10%～30%，置低温冰箱中保藏。保藏温度如果使用-20℃，保藏期可以达到1～2年，如果使用-80℃，保藏期可达十年甚至数十年。目前，许多微生物都可以使用该法保存。

二、砂土管保藏法

这是一种常用的长期保藏菌种的方法，适用于产孢子的放线菌、霉菌及形成芽孢的细菌，但对于一些干燥敏感的细菌则不适用，如酵母、奈瑟菌、弧菌和假单胞菌等则不适用。其制作方法如下：将河沙用60目过筛，弃去大颗粒及杂质，再用80目过筛，去掉细沙。用吸铁石吸去铁质，放入容器中用10%盐酸浸泡，如河沙中有机物较多可用20%盐酸浸泡。24h后倒去盐酸，用水洗泡数次至中性，将沙子烘干或晒干。另取瘦红土100

目过筛，水洗至中性，烘干，按沙∶土=2∶1混合。把混匀的沙土分装入安瓿管或小试管中，高度为1cm左右。塞好棉塞，0.1MPa灭菌30min，或常压间歇灭菌3次，每天每次1h。灭菌后在不同部位抽出若干管，分别加营养肉汤、麦芽汁、豆芽汁等培养基，经培养检查后无微生物生长方可使用。

需要保藏的菌株先用斜面培养基充分培养，再以无菌水制成菌悬液或孢子悬液滴入砂土管中，放线菌和霉菌也可直接刮下孢子与载体混匀，而后置于干燥器中抽真空2~4h，用火焰熔封管口（或用石蜡封口），置于干燥器中或4℃冰箱内保藏。沙土具有干燥、隔氧和营养缺乏的特点，因此保藏于沙土管内的细菌代谢停滞，不易死亡，菌种保藏效果好，保藏周期长，且移接方便，经济简单。

三、斜面低温保藏法

将菌种接种在斜面培养基上，待菌种生长完好后，置4℃冰箱中保藏即可。该方法需要每隔一定时期（在保藏期之内）再次转接至新鲜的斜面培养基上，继续生长后重新保藏，用橡皮塞塞住菌种管管口，再用石蜡封口，置于4℃冰箱中保藏。此法广泛适用于细菌、放线菌、酵母菌和霉菌等大多数微生物菌种的短期保藏及不宜用冷冻干燥保藏的菌种。放线菌、霉菌和有芽孢的细菌一般可保存6个月左右，无芽孢的细菌可保存1个月左右，酵母菌可保存3个月左右。

将微生物的斜面培养物低温保藏，减缓了微生物的代谢速度，减少了培养基的水分蒸发，使其不至于干裂，简便易行，存活率高，在科研和生产上对经常使用的菌种大多采用这种保藏方法。但是，该方法保藏的菌株仍有一定的代谢活力，保藏期较短，需要多次传代，菌种较容易发生变异和被污染。

四、麸皮保藏法

麸皮保藏法也称曲法保藏。即以麸皮作为载体，吸附接入的孢子，然后在低温干燥条件下保存。其制作方法是按照不同菌种对水分要求的不同将麸皮与水以一定的比例拌匀，装量为试管体积40%左右，湿热灭菌后经冷却，接入新鲜培养的菌种，适温培养至孢子长成。将试管置于盛有氯化钙等干燥剂的干燥器中，于室温下干燥数日后移入低温下保藏；干燥后也可将试管用火焰熔封，再保藏，效果更好。麸皮保藏法操作简单，经济实惠，工厂较多采用，适用于产孢子的霉菌和某些放线菌，保藏期较长，采用麸皮保藏法保藏曲霉，如米曲霉、黑曲霉等，其保藏期可达数年至数十年。

五、石蜡油封藏法

此法是在无菌条件下，将灭菌的液体石蜡倒入培养成熟的菌种斜面（或半固体穿刺培养物）上，石蜡油层高出斜面顶端1cm左右，使培养物与空气隔绝，加胶塞并用固体石蜡密封，置于4℃冰箱内保藏。该法要求液体石蜡优质、无毒、无菌（高压蒸汽灭菌1h后再置于80℃的烘箱内烘干除去水分）。由于液体石蜡阻隔了空气，菌体处于缺氧状态，而且又防止了水分挥发，使培养物不会干裂，因而能使保藏期达1~2年或更长。此方法操作简单，适于保存放线菌、酵母菌、霉菌、好氧性细菌等，对酵母和霉菌的保藏效果较好，可保存几年至十几年。但对很多厌氧性细菌的保藏效果较差，尤其不适用于某些能分解烃类的菌种。

六、冷冻真空干燥保藏法

该方法也称冷冻干燥保藏法或冻干法。通常用保护剂制备待保藏菌种的细胞悬液或孢子悬液于安瓿管中，在低温下快速将含菌样冷冻，抽真空，使水升华后将样品脱水干燥，并在真空条件下立即融封，形成无氧真空环境，然后放置在低温下使微生物处于休眠状态而得以长期保藏。

常用的保护剂有脱脂牛奶、血清、淀粉、葡聚糖等高分子物质。此法同时具备低温、干燥、缺氧的菌种保藏条件，因此保藏期长，可达5～15年，存活率高，变异率低，是目前被广泛采用的一种较理想的保藏方法，适用于多数细菌、放线菌、酵母菌和产生孢子的丝状真菌。但该法操作比较烦琐，技术要求较高，且需要冻干机等设备。

七、宿主保藏法

此法适用于专性细胞内寄生的微生物，病毒、立克次体、衣原体只能寄生在活的动植物或其他微生物体内，故可针对宿主细胞的特性进行保存。例如，植物病毒可用植物幼叶的汁液与病毒混合，冷冻或干燥保存。噬菌体可以经过细菌培养扩大后，与培养基混合直接保存。动物病毒可直接用病毒感染适宜的脏器或体液，然后分装于试管中密封，低温保存。

八、液氮保藏法

该方法是以甘油、二甲基亚砜等作为保护剂，在液氮罐内（-196℃）保藏的方法。保藏须采用逐渐低温冷冻，可先置于普通冰箱的冷冻层冷冻后，再放入液氮罐。美国模式菌种保藏中心采用该法时，是把有保护剂的菌悬液以每分钟下降1℃的速度从0℃直降到-35℃，然后保藏在-196～-150℃液氮罐中。如果降温速度过快，由于细胞内自由水来不及渗出胞外，形成冰晶就会损伤细胞。

液氮低温保藏的保护剂，一般是选择甘油、糊精、二甲基亚砜、吐温-80、血清蛋白等，但最常用的是10%～20%甘油。不同微生物要选择不同的保护剂，需要通过实验加以选择和确定。液氮保藏法保藏期一般可达到15年以上，是目前公认的最有效的菌种长期保藏技术之一。除了少数对低温损伤敏感的微生物外，该法适用于各种微生物菌种的保藏，甚至连原生动物、藻类、支原体等都可用该法获得有效长期保藏。液氮低温保藏法的另一大优点是可使用各种培养形式的微生物进行保藏，无论是孢子或菌体、液体培养物或固体培养物均可采用该保藏法。但其缺点是需购置超低温液氮设备，且液氮消耗多，成本较高。

总之，上述菌种保藏方法，以斜面低温保藏法、石蜡油封藏法、宿主保藏法最为简便；砂土管保藏法、麸皮保藏法和甘油悬液保藏法次之，冷冻真空干燥保藏法和液氮保藏法最为复杂，但其保藏效果最好，应用时可根据实际需要选择相应方法。

（崔古贞）

彩　　图

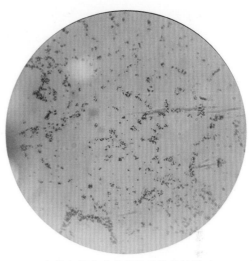

彩图1-1　大肠埃希菌革兰氏染色结果（×1000）　彩图1-2　金黄色葡萄球菌革兰氏染色结果（×1000）

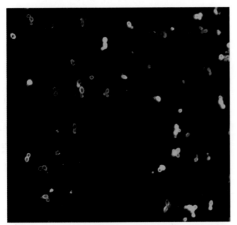

彩图1-3　白念珠菌Annexin V染色后荧光显
微镜下观察结果（600×）

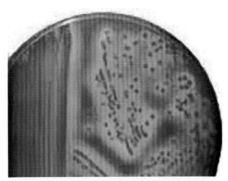

彩图26-1　金黄色葡萄球菌在血琼脂平板
上的生长现象

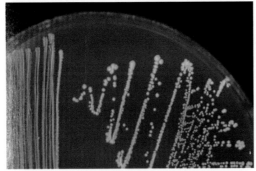

彩图26-2　表皮葡萄球菌在血琼脂平板上
的生长现象

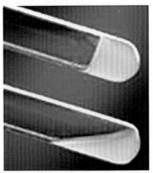

彩图26-3　血浆凝固酶试验结果（试管法）

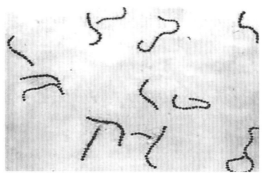
彩图27-1　链球菌革兰氏染色结果（×1000）

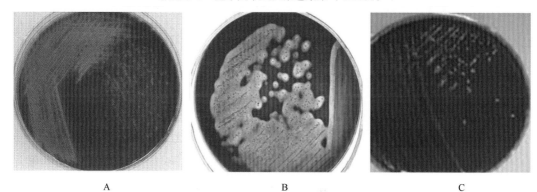
A　　　　　　　　　　　　　　　B　　　　　　　　　　　　　　　C
彩图27-2　链球菌在血琼脂平板上的生长现象
A.甲型溶血性链球菌；B.乙型溶血性链球菌；C.丙型链球菌

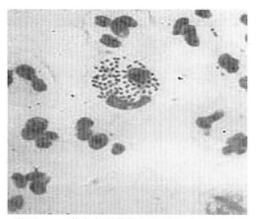
彩图28-1　淋病奈瑟菌的细胞形态（×1000）

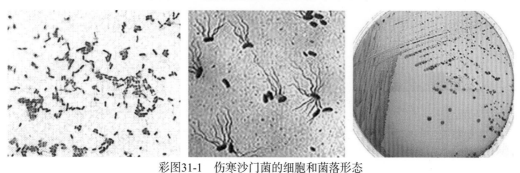
彩图31-1　伤寒沙门菌的细胞和菌落形态
A.革兰氏染色，×1000；B.鞭毛染色，×1000；C.黑色菌落为伤寒沙门菌在SS平板上形成的菌落

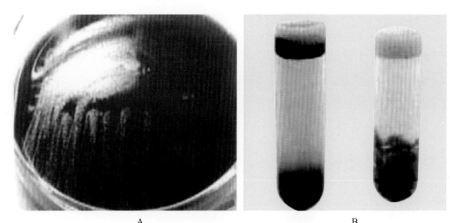

A   B

彩图32-1 破伤风梭菌的生长现象

A.硬琼脂培养物；B.庖肉基培养物

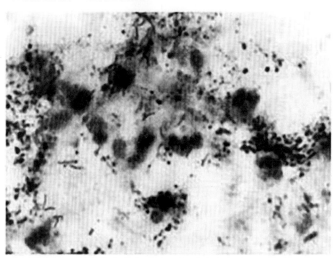

彩图38-1 肺结核患者痰涂片抗酸染色形态（×1000）

A   B

彩图38-2 结核分枝杆菌在罗氏培养基上的 生长现象

A.罗氏培养基；B.结核分枝杆菌的生长现象

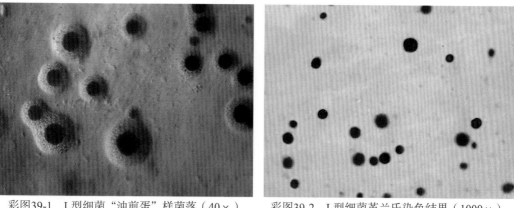

彩图39-1　L型细菌"油煎蛋"样菌落（40×）　　彩图39-2　L型细菌革兰氏染色结果（1000×）

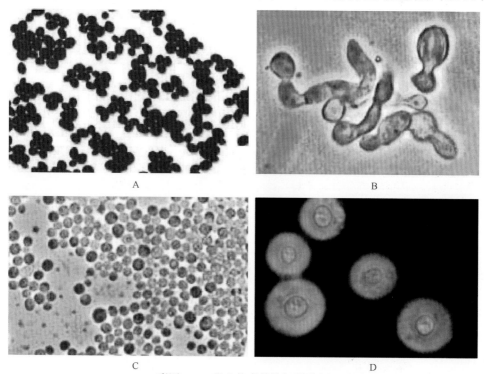

彩图40-1　微生物真菌的细胞形态

A. 白念珠菌（×100）；B. 白念珠菌的芽生孢子（×400）；C. 白念珠菌的厚膜孢子（×100）；D. 新生隐球菌（×400）